汉竹编著•亲亲乐读系列

这样坐月子瘦得快

汉竹 编著

汉竹图书微博
http://weibo.com/hanzhutushu

江苏凤凰科学技术出版社
全国百佳图书出版单位

编辑导读

人们常说“坐月子是女人一生中改变体质的好时机”，月子坐得好，就会为新妈妈的健康和美丽打下坚实的基础；反之，月子坐得不好，可能会落下许多月子病，在以后的岁月里也可能不断地给新妈妈带来困扰。

经历辛苦的十月怀胎，宝宝的出生不仅给全家人带来了快乐，更让新妈妈感到幸福。同时，身份的转变，生活方式以及心态的改变，让新妈妈又步入一个新的起点。

但是，在享受甜蜜、幸福的同时，新妈妈也会经历一些小烦恼，比如产后护理不当、恢复不好，使得乳房下垂、肌肉松弛，身体变得虚弱，还有不断增加的体重，使身材变得臃肿等问题。若在月子期间护理不当，落下月子病，会对新妈妈以后的生活带来困扰。另外，为了宝宝的健康和保持母乳充足，新妈妈又不能尽情地运动瘦身、节食减肥，未免让新妈妈有些着急。面对这些变化和问题，新妈妈不要惊慌、担心，这本书就是一本让新妈妈产后快速恢复“魔鬼身材”，变身时尚辣妈的“宝典”。

本书针对产后的各种问题，以时间为轴，从坐月子开始，告诉新妈妈每个阶段应该如何恢复身体、如何饮食、如何运动等，让新妈妈用科学的饮食和运动方法，在短时间内恢复到孕前的好体质、好身材。此外，书中还针对局部瘦身提供了相应的运动原则，用科学的运动方法，让新妈妈不节食、不剧烈运动，也能成为让人羡慕的“S”形辣妈。

Part 1
产后瘦身
误区早知道，恢复好瘦得快

新妈妈容易走进的产后瘦身误区 /14

Part 2
月子坐得好，瘦身就成功一半

第 1 周的瘦身计划 /22

第 2 周的瘦身计划 /38

第 3 周的瘦身计划 /52

Part 3 42天后，饮食+运动是瘦身的“黄金搭档”

运动：产后科学运动，减脂强体速瘦身 /106

Part 4
产后重点部位必须瘦，塑造动人曲线

瘦肚子，摆脱产后“大肚腩”/138

瘦腰，速成“小腰精”/142

瘦手臂，抱宝宝也没有粗手臂 /146

瘦双腿，产后纤细双腿露出来 /150

美臀，告别产后“下垂臀” /156

丰胸，产后“双峰”仍迷人 /160

附录：没时间？看孩子也能瘦——有爱的亲子瑜伽 /164

Part 1 产后瘦身误区早知道，恢复好瘦得快

产后，新妈妈面对自己发胖、臃肿的身材苦恼不已，感叹以前那个拥有骄人曲线的自己一去不复返了。为了恢复身材，不少新妈妈会走进减肥的误区，不仅没有瘦下来，连身体恢复都耽误了。本章就将产后瘦身的误区告诉新妈妈们，让新妈妈抓住产后 6 个月内的时间，掌握科学的饮食、睡眠和运动方式，快速恢复到孕前的完美身材。

新妈妈容易走进的产后瘦身误区

产后新妈妈身材走样，在减肥瘦身上总是急于求成，不知不觉就走入了产后瘦身的误区。如果新妈妈陷入了误区，采取错误的瘦身方法，不但达不到减肥瘦身的效果，还会影响母乳分泌和身体健康。下面就为新妈妈揭秘那些产后瘦身的误区。

产后都会肥胖，出了月子就瘦了

有些新妈妈会认为产后肥胖很正常，大多数新妈妈都会这样，等到出了月子或哺乳期结束后，就会自然而然地瘦下来，不用刻意减肥。

揭秘误区

有些新妈妈产后可以自然瘦下来，但这是极少数，很可能这部分新妈妈在孕期就开始控制体重，整个孕期体重都没有增长太多，因此产后只要稍微控制饮食，做做运动，再加上哺乳，很自然地就瘦了。而大部分的新妈妈不控制饮食，不运动，依旧会胖的。

走出误区

运动是减肥瘦身的最佳方法，新妈妈在产后瘦身中要保持一定量的运动，以此来保证较好的新陈代谢功能。另外，还要适当地减少高脂肪、高热量食物的摄入量，这对保持体形也很重要。

月子期间要大补，养好身体利瘦身

有不少新妈妈认为坐月子就得“养”，要好好“犒劳”自己，“弥补”分娩时受的苦。因此每天都摄入过多的高脂肪、高热量食物，吃完也不下床活动，过着“衣来伸手、饭来张口”的日子。

揭秘误区

坐月子期间，家人为了让新妈妈尽快恢复，准备各种“山珍海味”，日复一日，摄入的高脂肪、高热量食物会在体内囤积，再加上新妈妈活动少，导致体重直线飙升，加重月子后瘦身的难度。

走出误区

研究显示，在产后一年内，新妈妈的饮食摄入足够的蛋白质、钙、铁等营养即可，不需要大补，也要远离高油脂、高糖的食物。

生完宝宝就节食，减肥瘦身要趁早

有些新妈妈减肥心切，一心想恢复完美身材，刚生完宝宝就开始节食，认为减肥就得要趁早。

揭秘误区

产后42天内，新妈妈不要盲目通过控制饮食来减肥。分娩后，新妈妈身体还未恢复，加上哺乳，正是需要新妈妈补充营养的时候，此时如果强制节食，不仅会导致新妈妈身体恢复慢，还有可能引起产后并发症，也会导致宝宝营养跟不上。

走出误区

哺乳妈妈产后6周可以通过调整饮食，做到既保证自己和宝宝的营养需求，又避免营养过剩。饮食中注意蛋白质、碳水化合物和脂肪类食物的搭配，不要只偏好鸡、鸭、鱼、肉等荤菜，也尽量不吃或少吃甜食、油炸食物、动物油等高热量食物。

吃得多奶水才好，根本瘦不下来

为了保证宝宝每天对乳汁的需求，在哺乳期，新妈妈往往会摄入过多高蛋白、高脂肪的食物，如猪蹄、花生等，以促进乳汁的分泌，而这些食物都是高热量食物，久而久之，根本瘦不下来。

揭秘误区

哺乳可以消耗新妈妈体内的热量和脂肪，加速体内新陈代谢的循环，利于瘦身。但是有很多哺乳妈妈并没有瘦，一方面与体质有关，另一方面，因为听说哺乳能够减肥，于是就肆无忌惮地大吃，摄入了太多的热量，而身体根本无法消耗，多余的热量便形成脂肪在体内储存起来了。

走出误区

处在哺乳期的新妈妈可适当进补，但不需要大补，避免高糖、高热量进食法，稍微增加蛋白质摄入即可。多吃蔬菜水果，保证足够的维生素、膳食纤维和矿物质摄入。

产后吃素，想瘦多少瘦多少

很多新妈妈都会以蔬菜餐或者蔬菜汤等素食作为减肥时的主食，认为吃素食不会胖又能吃得饱，而且有的蔬菜也同样含有丰富的营养。

揭秘误区

对于新妈妈来说，这是一种不合理的减肥方法。蔬菜热量低，若大量进食，会造成营养不均衡，导致胃口变大。当停止以蔬菜作主食时，会很容易感到饥饿，继而找别的食物代替，最终导致体重增长。

走出误区

要减肥，既要吃低热量的食物，又要控制饮食量，不能无限制地吃。每餐中只要有大半碗至一碗分量的蔬菜足矣。

母乳喂养的妈妈体重都会自动下降

母乳喂养是产后新妈妈最佳的瘦身方式，因此，不少新妈妈就认为只要母乳喂养，不用控制饮食，也不用运动，自己的体重就会自动下降。

揭秘误区

母乳喂养期间，身体里的化学反应为产奶提供足够的能量储备，当停止喂奶时，身体代谢恢复正常，很容易减肥。母乳喂养确实会帮助哺乳妈妈消耗很多热量，但现实是，很多哺乳妈妈并没有瘦，这一方面与体质有关，另一方面也与哺乳期间摄入过多热量有关。

走出误区

哺乳妈妈以为只要母乳喂养就会瘦，便无所顾忌地大吃特吃，使摄入的热量增多，身体无法完全消耗掉，便会形成脂肪储存起来。所以如果你也有这样的误区，就要注意了。

剖宫产妈妈产后半年内不能运动

由于剖宫产妈妈的腹部、子宫，在手术过程中受到了不同程度的损伤，月子期间运动会影响新妈妈的伤口愈合，不利于恢复。伤口完全愈合需要一段时间，半年内都不能进行运动。

揭秘误区

很多剖宫产妈妈害怕下床时伤口疼痛而不肯动，这是错误的。手术后及时下床，在月子期间适度运动，这些都可以促进剖宫产妈妈伤口愈合及子宫、盆腔的恢复。

走出误区

剖宫产妈妈在术后24小时即可下床活动，在月子里可以进行舒缓的拉伸运动，到产后4个月可渐渐增加运动的强度、时间，让身体慢慢瘦下来。

产后便秘不影响产后瘦身

很多新妈妈会认为产后瘦身和便秘没有关系，这两者谁也不会影响谁。因此，就在便秘的情况下进行瘦身，结果不但没有瘦下来，反而使便秘更加严重了。

揭秘误区

便秘是瘦身的劲敌，由于分娩过程中盆底肌肉的极度牵拉和扩张，产程中水和电解质紊乱等导致肠蠕动减慢，新妈妈易发生产后便秘，所以这种情况下不宜瘦身。

走出误区

如果新妈妈出现了便秘，应有意识地多喝水和多吃富含膳食纤维的水果和蔬菜，严重时还可以喝些酸奶，帮助肠道蠕动，等到便秘好转后再开始瘦身运动。

产后贫血和产后瘦身没有关系

不少新妈妈产后容易出现贫血的症状，而有些新妈妈在贫血的情况下为了恢复身材依然坚持产后瘦身，结果导致贫血的症状越来越严重。

揭秘误区

如果新妈妈在生育时失血过多，很容易造成产后贫血，使产后恢复过程延长。在贫血没有得到解决的时候强行进行瘦身，必然会加重新妈妈的贫血现象。

走出误区

产后贫血的新妈妈要多吃富含铁的食物，如菠菜、红糖、动物肝脏等，尽早解决贫血问题，才能进行产后瘦身。

高强度的运动能快速瘦身

一些新妈妈一旦下定决心减肥，就迅速投入到高强度运动中，希望能最大限度地消耗体内脂肪。大量高强度运动也一度被称为肥胖的“头号杀手”。

揭秘误区

运动开始阶段身体会先消耗体内的葡萄糖，然后才开始消耗脂肪。运动强度太大，还没调动脂肪燃烧就精疲力竭了，根本达不到减肥目的，只会使心脏负荷过重。

走出误区

有效的运动减肥方法通常有以下特点：强度小，时间长，运动过后仍然可以呼吸自如，疲劳感很快就能消除，如30~40分钟的慢跑、快走等，才能消耗更多的热量，达到减肥目的。

减肥药、减肥茶，产后瘦身“小帮手”

服用减肥药或减肥茶是很多新妈妈所青睐的减肥方法，因为一来不用节食，二来不用运动，可以“轻松享瘦”。

揭秘误区

几乎所有的减肥产品都含有利尿剂、泻药和膨胀剂，这些成分对身体都极为不利。服用药物一般减的是水分，而不是脂肪，一旦停止服用，就会出现严重的便秘、反弹现象。最重要的是药物会通过母乳进入宝宝体内，给宝宝带来的影响后患无穷。

走出误区

减肥药和减肥茶对新妈妈来说并不是好的选择，不仅减肥效果不佳，容易反弹，而且对宝宝也存在威胁，所以合理控制饮食和适当运动才是最佳的瘦身方法。

Part 2 月子坐得好，瘦身就成功一半

对于刚刚生产完的新妈妈，产后减肥不能操之过急，尤其是哺乳妈妈需格外注意。产后新妈妈最重要的是调养好身体，事实上只有身体恢复得越好，才能瘦得越快。所以，月子坐得好瘦身就成功一半。月子里新妈妈要以身体恢复为主要任务，兼顾哺乳；饮食上要注意营养均衡、荤素搭配；运动方面则要根据身体恢复情况适度活动。

第 1 周的瘦身计划

身体恢复

产后第 1 周，新妈妈需要充分休息和静养，避免从事繁重的劳动，以消除分娩造成的疲劳，但是也不能终日躺在床上，要适当活动，以利于身体的恢复。

饮食重点

以促进消化为主而不是滋补，适宜吃点汤粥类的流质食物。

适宜运动

此时的运动并不是单纯为了瘦身，而是使气血畅通，让新妈妈尽快恢复元气，其重要性并不亚于补充营养。

饮食：开胃、排毒最重要

产后第 1 周，即血性恶露期，要注意利尿排毒、活血化瘀，同时还要喂养宝宝，新妈妈应吃些有营养的东西，为宝宝增加乳汁。但此时，新妈妈的肠胃功能还没复原，急于进补反而会影响身体恢复和哺乳，此时最好是先食用一些清淡、易于消化吸收、刺激性小的食物。

晨起 1 杯水，排毒又瘦身

哺乳妈妈每天晨起后喝 1 杯白开水，不仅养生还能瘦身。我们在夜晚睡觉的时候，身体在排泄、呼吸的过程中消耗了体内大量的水分，在早上起床后，人的身体会处于生理性的缺水状态，所以早晨及时补充水分，对身体很有好处。

另外，早晨喝白开水可以帮助排便和排尿，将身体内的代谢物快速地清除出体内，而且还可以让皮肤变得更加光滑细腻。最重要的是，还能保证乳汁的分泌。

新妈妈要喝温开水，避免着凉。

饮食宜清淡，为肠胃减负

产后第1周，新妈妈的身体比较虚弱，胃肠功能还没有恢复。此时进补并不是主要目的，饮食应易于消化、吸收，以利于胃肠功能的恢复，比如可以吃些易消化的面条、馄饨、小米粥等。而以往那些产后就开始喝补汤的习惯不适合此时的新妈妈，大补的浓汤只会增加新妈妈身体的负担，如果要喝汤，新妈妈不妨喝些清淡的汤，如鸡蛋汤等，更利于新妈妈的恢复。

不要盲目节食瘦身

产后42天内，新妈妈不要盲目地通过控制饮食来减肥。新妈妈刚刚分娩完，身体还未恢复到孕前的状态，加上哺乳的重任，正是需要新妈妈补充营养的时候。新妈妈此时不宜节食，以免影响产后恢复，引发产后并发症。此外，哺乳妈妈盲目节食也会导致宝宝营养跟不上。

哺乳妈妈可以通过合理安排饮食，做到既保证自己和宝宝的营养需求，又避免营养过剩。饮食中注意蛋白质、碳水化合物和脂肪类食物的搭配，不要只偏好鸡、鸭、鱼、肉等荤菜，也尽量不吃或少吃甜食、油炸食物、动物油等高脂肪食物。

没下奶前，先不要喝下奶汤

看着嗷嗷待哺的宝宝，再想想空空如也的乳房，多数新妈妈的第一反应就是喝许多大补的补品和汤水，尽快下奶。想要哺育宝宝的心情可以理解，但产后立即下奶的方法则是大错特错。因为产后新妈妈身体太虚弱，马上进补催奶的高汤，往往会“虚不受补”，反而会导致乳汁分泌不畅。另外，宝宝在出生几天内吃得较少，如果服催奶品，奶水太多还易导致乳腺堵塞，反而不利于哺乳。

排毒过程中的注意事项

尽量选择天然的食物。产后新妈妈脾胃还比较虚弱，对食物刺激的承受力比较差，所以尽量选择天然的、性温的食物进食，有助于新妈妈脾胃健康，促进肠胃恢复。

适当饮蔬菜汤。快速的新陈代谢需要大量的水分支持，而且新妈妈开始泌乳，更需要大量水分。新妈妈适当喝蔬菜汤，既能补水，又能补充维生素、矿物质等营养。

不能只依靠食物，还需要适量活动。出汗也是代谢废物的重要途径。自然顺产的新妈妈从产后第1天就可以下床活动，适宜的运动量有助于改善新陈代谢，促进有毒物质的排出。

产后应合理饮食

由于分娩时消耗了大量能量，虚弱的新妈妈在月子里需要进补，以促进身体恢复，但产后恢复不等于大吃大喝，应科学合理地饮食。产后新妈妈也有享“瘦”的权利，科学的饮食搭配和运动，月子里也能瘦身。

月子里的新妈妈处于身体恢复初期，合理饮食可以保证新妈妈只补身体，不补体重，而饮食均衡是重点。五谷类、蛋类、鱼肉类、奶类、蔬菜类、水果类、油脂类等，产后新妈妈都要适量摄取。下面是每天应摄入的各种食物的量，供新妈妈参考。

在烹调方面，尽量避免油炸，以免摄取过多油脂。产后新妈妈最好还要保证每天喝 500 毫升左右的脱脂或低脂牛奶，可补充身体对钙和蛋白质的需求。

每天摄入以上食物基本可以保证产后哺乳期的营养需求，此时新妈妈要将摄入量控制在以上范围内，不要过量摄入。需要注意的是，哺乳妈妈的饮食必须以均衡、丰富为原则，不能因为想减肥就拒绝吃肉类或油脂，这样会降低乳汁的品质。有的新妈妈产后需要进补，也要注意合理膳食、调理得当，还要根据每个新妈妈的体质有针对性地进补。

月子里要根据新妈妈的症状来进补，如新妈妈舌苔厚白，表明有“火”，宜吃些清淡的粥、面，肉类则应少吃。当然新妈妈如果有其他症状，家人或月嫂可根据情况有针对性地进行调理。

维生素 C 可促进伤口愈合还能燃烧脂肪

会阴侧切的新妈妈伤口愈合比较快，只需三四天，而剖宫产妈妈则需 1 周左右。产后合理补充营养，会加速伤口的愈合，建议适当多吃富含优质蛋白和维生素 C 的食物，以促进组织修复。

维生素 C 可以改善脂肪和类脂的代谢，血液中维生素 C 的浓度越高，体内脂肪通常就越低。补充维生素 C 有助于脂肪燃烧。研究发现维生素 C 摄入充足的人，运动时燃烧的脂肪比维生素摄入不足的人要多。

除了饮食，新妈妈也要注意伤口的清洁卫生，这也是保证伤口快速恢复的有效方法。

橙子、橘子等含有丰富的维生素 C，可帮助新妈妈瘦身。

剖宫产妈妈手术后前 3 天这样吃

剖宫产与正常生产相比，新妈妈身体上发生了明显的变化：子宫受到创伤；手术中失血，使血中催产素含量降低，影响子宫复旧；术后禁食，身体活动少，使子宫入盆延迟，恶露持续时间延长；术中创伤使新妈妈精神疲惫，脑垂体分泌催乳素不足，影响乳汁正常分泌。因此，进行剖宫产的妈妈更应该注意调养身心。剖宫产妈妈术后前期运动量少，失血多，因此饮食的安排应与顺产妈妈有差别。

剖宫产妈妈因为手术和失血的原因，而更加需要补充营养，坐月子食谱也就更需要精心的安排。

第 1 天排气后，可以吃些面汤、蛋汤、鱼汤、果汁等，但是不能一次吃得太多，最好分几次吃。

第 2 天可以吃一些肉末、烂面条、清粥等，可以比第 1 天的饮食浓稠些。

到了第 3 天，基本上就可以恢复一般坐月子的普通饮食了，这个时候一定要注意蛋白质、维生素和矿物质的补充，不但有利于身体的恢复，而且还有利于伤口的愈合。

剖宫产妈妈宜多吃富含蛋白质的食物

为了促进剖宫产妈妈腹部刀口的恢复，要多吃鸡蛋、瘦肉、肉皮等富含蛋白质的食物，蛋白质是母乳中重要的营养素，新妈妈要均衡、适量补充动物蛋白和植物蛋白。

剖宫产妈妈要瘦身先要解决便秘

剖宫产妈妈因有伤口，同时产后腹内压突然减轻，腹肌松弛、肠蠕动缓慢，再加上很少下床活动，易有便秘倾向。如果剖宫产妈妈要瘦身，则先要解决便秘问题，尤其在饮食上要格外注意。

首先要多喝水，增加摄入富含膳食纤维的蔬菜、水果。其次要合理搭配，荤素结合、粗细粮结合。还可以吃一些润肠通便的食物，比如食用香油和蜂蜜，来进行调理。

这里教新妈妈一个缓解产后便秘的小窍门：清晨起床后先喝 1 杯温开水，再做腹部按摩或适当走动，以促进肠蠕动，然后就排便，每日固定时间，时间在 3~5 分钟之内，以养成固定时间排便的习惯。

生化汤

❶ 低

滋补又瘦身：生化汤可调节产后子宫收缩，减少因子宫收缩造成的腹痛，对预防产褥感染也有积极作用。

原料： 当归、桃仁各 15 克，川芎 6 克，黑姜 10 克，甘草 3 克，大米 100 克，红糖适量。

做法： ①大米洗净，浸泡 30 分钟。② 将当归、桃仁、川芎、黑姜、甘草和水以 1:10 的比例小火煎煮 30 分钟，取汁。③将大米放入锅内，加入药汁和清水，煮成粥，调入红糖即可。

当归
功效： 补血、活血，润燥滑肠
作用： 对产后新妈妈脐腹疼痛、腰酸腿痛有一定疗效；对产后因失血过多或营养不足所致的血虚便秘也有良效
食用方法： 煲汤时可适当加些当归，利于新妈妈的身体恢复

❷ 92 千卡

注 ❶：此热量为这道菜的总热量。
❷：此数值为该食材每 100 克所含热量。

卧蛋汤面

中

滋补又瘦身：面条中放入鸡蛋和羊肉、油菜，搭配全面，可促进新妈妈食欲，帮助新妈妈快速补充体力。

原料： 面条 100 克，羊肉 50 克，鸡蛋 1 个，葱花、盐、油菜各适量。

做法： ① 羊肉切丝，用盐腌制片刻。② 锅中烧开适量水，下面条，待水将开时，将鸡蛋卧入汤中并转小火烧开。③ 待鸡蛋熟、面条断生时，加入羊肉丝和油菜煮熟，盛出撒上葱花即可。

面条
功效： 补充碳水化合物，易消化
作用： 面条是北方新妈妈坐月子必备的食物，能帮新妈妈增强免疫力，充饥止饿，补充能量；好消化，不易长胖
食用方法： 可加些蔬菜、鸡蛋煮成汤面，也可将做好的卤浇在煮熟的面条上

286 千卡

香油猪肝汤

中

滋补又瘦身：香油猪肝汤能补血，促进恶露代谢、增加子宫收缩。

原料： 猪肝 50 克，香油、米酒、姜片各适量。

做法： ① 猪肝洗净擦干，切厚片备用。② 锅内倒香油，油热后加姜片，煎到浅褐色。③ 将猪肝放入锅内大火煸炒至断生，倒入米酒煮开即可。

猪肝
功效： 补气血、补肝，明目
作用： 新妈妈适当吃些猪肝可以补充气血，缓解产后眼睛干涩及疲劳
食用方法： 炒食、煮食、煲汤均可，但不宜多食，每周一两次，每次 40~50 克即可

129 千卡

鲫鱼丝瓜汤

低

滋补又瘦身：鲫鱼肉质细嫩，肉味甜美，与丝瓜搭配，不仅热量低，还具有除湿利水、补中益气的作用。

原料：鲫鱼1条，丝瓜30克，姜片、葱段、盐各适量。

做法：① 鲫鱼去鳞、去鳃、去内脏，洗净，切块。② 丝瓜去皮，洗净，切成段。③ 锅中放入清水，把丝瓜和鲫鱼一起放入锅中，再放入姜片、葱段大火煮沸后，改用小火慢炖至鱼熟，最后加盐调味即可食用。

鲫鱼
功效：补脾开胃，利水除湿，补虚
作用：新妈妈常吃鲫鱼可增强抗病能力，补虚，利乳汁分泌，而且其脂肪含量少，易于消化
食用方法：煲汤、蒸食、炖食均可

肉末蒸蛋

低

滋补又瘦身：猪肉虽然脂肪含量高，但蒸食可减少脂肪的摄入。肉末蒸蛋富含蛋白质，滋补易消化，非常适合脾胃虚弱的新妈妈。

原料：鸡蛋2个，猪肉50克，水淀粉、酱油、盐各适量。

做法：①鸡蛋打散，加盐和清水搅匀，上笼蒸熟。②将猪肉洗净剁成末。③油锅烧热，放入肉末，炒至出油时，加入酱油及水，用水淀粉勾芡后，浇在蒸好的鸡蛋上即可。

鸡蛋
功效：健脑益智，补阴益血
作用：鸡蛋易消化，营养吸收率高，可为新妈妈补充优质的蛋白质。此外，鸡蛋中的铁质可以改善新妈妈贫血状况。一般每天食用最好不超过2个
食用方法：炒、煎、蒸、煮均可

豆腐馅饼

低

滋补又瘦身：豆腐和白菜都是营养又瘦身的好食材，做成馅料搭配面皮，营养易消化吸收。

原料：豆腐50克，面粉150克，白菜100克，姜末、葱末、盐各适量。

做法：① 豆腐洗净，抓碎；白菜洗净，切碎，挤干；豆腐、白菜碎加姜末、葱末、盐调成馅。② 面粉加水揉成面团，擀成面皮；两张面皮中间放馅；用汤碗去掉边沿，捏紧。③ 油锅烧热，煎成两面金黄即可。

豆腐
功效：补中益气，增加食欲，补钙
作用：豆腐可帮助产后新妈妈补充所需的蛋白质和钙质。此外，豆腐热量低，容易消化，能增进食欲
食用方法：炒食、煎食、蒸食、煮食均可，还可和鲫鱼一起煲汤

玉米香菇虾肉饺 中

滋补又瘦身：多种食材搭配，能提升剖宫产妈妈的食欲。其中香菇的热量低，多吃不长胖，可增强体力。

原料：饺子皮20个，猪肉150克，香菇、虾各50克，玉米粒、胡萝卜各30克，盐适量。

做法：①胡萝卜去皮洗净，切小丁；香菇泡发后切小丁；虾去壳，切丁。②猪肉和胡萝卜丁一起剁碎，放入香菇丁、虾丁、玉米粒，拌匀，加盐制成馅。③饺子皮包上馅，煮熟即可。

香菇
功效：提高免疫力，降血压和血脂
作用：香菇是高蛋白、低脂肪、多氨基酸和多维生素的食物，可以提高人体免疫力，适合剖宫产妈妈增强体力
食用方法：煮食、炒食、炖食均可，还可做馅料

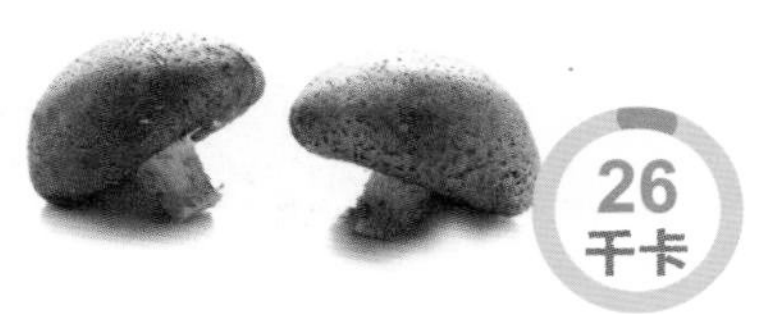

26千卡

西红柿面片汤 低

滋补又瘦身：酸酸甜甜有利于促进食欲，而且面片易消化，能够为剖宫产妈妈补充所需的碳水化合物。

原料：西红柿1个，面片50克，高汤、盐、香油各适量。

做法：①西红柿洗净，切块。②油锅烧热，炒香西红柿后加入高汤烧开，加入面片。③将面片煮熟后，加盐、香油调味即可。

西红柿
功效：补充维生素C，助消化
作用：西红柿有生津止渴、健胃消食、清热消暑等功能，而且有显著止血的作用，很适合剖宫产妈妈，能有效止血，利于伤口恢复
食用方法：生食、炒食、煮食均可

20千卡

平菇小米粥 低

滋补又瘦身：此粥能滋阴养胃、补血，改善人体新陈代谢，可帮助剖宫产妈妈增强体质。平菇的热量很低，这道粥滋补又不会长胖。

原料：大米、小米各50克，平菇30克，盐适量。

做法：①平菇洗净，焯烫后撕成条；大米、小米分别洗净。②将大米、小米放入锅中，加适量清水大火烧沸，改小火熬煮。③待米煮烂时放入平菇，下盐调味，稍煮即可。

平菇
功效：舒筋活络，增强免疫力
作用：平菇富含钾和膳食纤维，对于缓解剖宫产妈妈产后水肿和便秘有一定的帮助。而且平菇水分高，热量低，很适合产后瘦身期间食用
食用方法：炒食、煮食、煲汤均可

24千卡

白萝卜蛏子汤 低

滋补又瘦身：此汤是剖宫产妈妈补钙的好选择。此外，白萝卜和蛏子热量低，利于新妈妈瘦身。

原料： 蛏子 100 克，白萝卜 50 克，葱花、姜片、盐、料酒各适量。

做法： ①蛏子洗净，放淡盐水中泡 2 小时。②蛏子用沸水汆烫，捞出剥壳。③白萝卜去皮，切丝。④油锅烧热，炒香姜片，倒清水、料酒。⑤将蛏子肉、白萝卜丝一同放入锅内煮熟后，最后放盐、葱花即可。

蛏子
功效： 补虚、补钙
作用： 蛏子味道鲜美，营养丰富，对新妈妈产后身体虚寒有一定的补虚作用。此外，蛏子富含钙、碘、硒等矿物质，有利于剖宫产妈妈补充矿物质
食用方法： 炒食、蒸食、煮食、煲汤均可

40 千卡

红薯粥 低

滋补又瘦身：红薯中富含胡萝卜素，可预防宝宝患眼部疾病。红薯还富含膳食纤维，利于产后瘦身。

原料： 红薯 100 克，大米 50 克。

做法： ①将红薯洗净，去皮切成块。②大米洗净，用清水浸泡 30 分钟。③将泡好的大米和红薯块放入锅内，加水大火煮沸后，转小火继续煮，煮成浓稠的粥即可。

红薯
功效： 润肠通便，益气通乳，利于瘦身
作用： 红薯富含膳食纤维和果胶，能刺激消化液分泌及肠胃蠕动，可防治产后便秘，是产后瘦身的理想食物
食用方法： 蒸食、煮食、炒食均可，还可烤食、熬粥、煲汤等

99 千卡

双菇鸡丝 中

滋补又瘦身：这道菜可滋补强体，对产后体虚的剖宫产妈妈有很大帮助。另外，鸡胸肉脂肪含量低，非常适合新妈妈产后瘦身时食用。

原料： 鸡胸肉 150 克，鸡蛋 1 个，金针菇、鲜香菇、盐、水淀粉各适量。

做法： ①鸡胸肉切条，加盐、鸡蛋、水淀粉腌 20 分钟。②金针菇去根，洗净；鲜香菇洗净，切片。③油锅烧至七成热，放鸡胸肉条翻炒，加金针菇、香菇片及所有调料炒熟即可。

鸡胸肉
功效： 增强体力，补虚健胃
作用： 鸡胸肉富含蛋白质，且易被人体吸收利用，新妈妈适量食用可以补虚健胃
食用方法： 炒食、煮食、蒸食均可，但煮食或蒸食的方式更能保留鸡胸肉的营养

133 千卡

产后恢复：促恢复，利瘦身

产后恢复好，瘦身才会更快更有效。因为只有当身体恢复好，身体各个机能都各行其道后，再加上科学的饮食和运动，瘦身效果才会显著。如果身体没有恢复好，身体机能还没有恢复到原来的状态就盲目地瘦身，只会适得其反，不但瘦不下来，还容易落下病根。

产后瘦身不同于一般减肥

当宝宝顺利、平安地降生，新妈妈便又有了新的苦恼——身材变样和产后肥胖。这是令新妈妈十分头疼的问题，于是有些新妈妈就按照普通的减肥法开始减肥，比如节食、高强度运动、吃减肥药等，这都是不正确的。因为产后妈妈不仅需要哺乳，保证乳汁的质和量，而且经历分娩，身体各部位的恢复需要一定的时间，一般的减肥法大多不适合产后的新妈妈。新妈妈绝对不能为了追求减肥速度和效果而盲目节食或在没有专业人员指导下进行高强度运动，最后伤害的是自己和宝宝的健康。

月子期瘦身要量力而行

新妈妈在产后适当运动，对体力恢复和器官复位有很好的促进作用，但一定要根据自身状况适量运动。有的新妈妈为了尽快减肥瘦身，就加大运动量，这么做是不合适的，大运动量或较剧烈的运动方式会影响尚未康复的器官恢复，尤其对于剖宫产的新妈妈，剧烈运动还会影响剖宫产刀口的愈合。再则，剧烈运动会使人体血液循环加速，导致机体疲劳，运动后反而没有舒适感，不利于新妈妈的身体恢复。

产后虚弱巧补养

合理饮食，加强锻炼。分娩后的新妈妈很容易出现精神不振、面色萎黄、不思饮食的情况，这是由于分娩时消耗了大量体力，没有得到及时恢复，是新妈妈身体虚弱的表现。产后虚弱如果不及时调理，会给新妈妈的身体留下健康隐患，也不利于照顾宝宝。因此，新妈妈要合理饮食，加强锻炼，尽早让身体恢复。

注意休息，保证睡眠，放松心态，及时和家人沟通，寻求协助。

选择一些富含铁的食物或者是促进血液循环的营养品。如动物肝脏、海带、紫菜、菠菜、芹菜、西红柿、桂圆、红枣、花生等。

多吃含有优质蛋白质的食物，如鸡、鱼、瘦肉等。牛奶、豆类也是新妈妈必不可少的补养佳品。

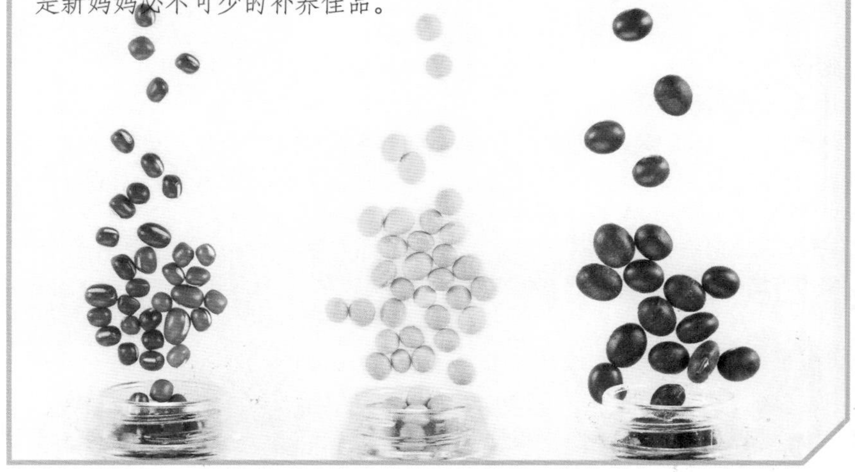

明星推崇的姜浴减肥法不要盲目效仿

不少女明星产后纷纷采用姜浴的方法瘦身，声称姜浴可以出很多汗，能加速水肿的消退。随之还能排出身体中的湿气和寒气，最重要的是还能瘦身、美容，使新妈妈血液畅通、面色红润。因此，很多新妈妈都纷纷效仿。

其实，姜浴也是出汗、排毒的一种方式，如果新妈妈身体恢复得不错，可以用老姜煮水 2 个小时，用多块大毛巾蘸热姜水后从头裹住全身，依次按摩头部、肩部、腰部，背部可揉搓，反复多次，姜浴不仅适用于产后新妈妈，同样也适合阴天下雨有关节痛疾患的人。

不过，新妈妈在家里进行姜浴要特别注意保暖，一定要关严门窗，避免受寒、受风。另外，体质比较虚弱的新妈妈不适合姜浴，以免引起头晕、胸闷等症状。

产后要不要用束腹带

产后妥善控制饮食和适当的运动，是产后瘦身的首选方法，如果此时能在穿着上辅助，想要恢复到孕前身材则更简单、更快。束腹带，就是这样一个帮助新妈妈产后恢复的工具。

事实上，束腹带的真正作用是促进骨盆恢复，而且也能使产后妈妈起床、翻身更省力，在这过程中会起到辅助瘦身的作用。

产后新妈妈绑不绑束腹带因人而异。肌肉很有力量的新妈妈、年轻的新妈妈可不绑，平常不爱运动的新妈妈以及高龄新妈妈，可以选择绑束腹带。如果新妈妈有轻微的内脏器官下垂症状，最好绑上束腹带，对内脏有举托的作用。

腹带宜选择长约 3 米，宽 30~40 厘米，有弹性、透气性好的。可以准备两三条以便替换。绑束腹带可分两步。

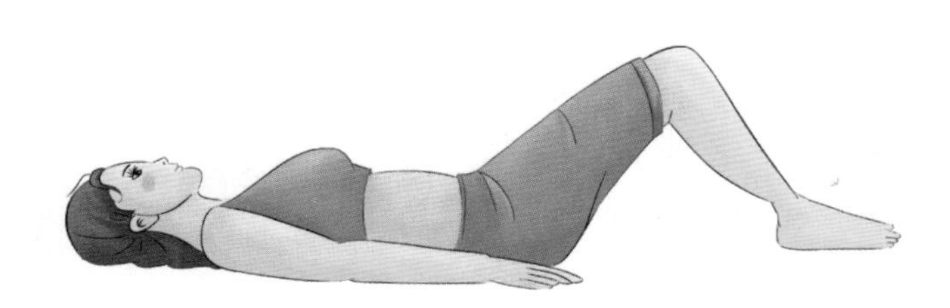

第一步：仰卧，屈膝，脚底平放在床上，臀部抬高，双手放至下腹部，手心向前往心脏处推、按摩。

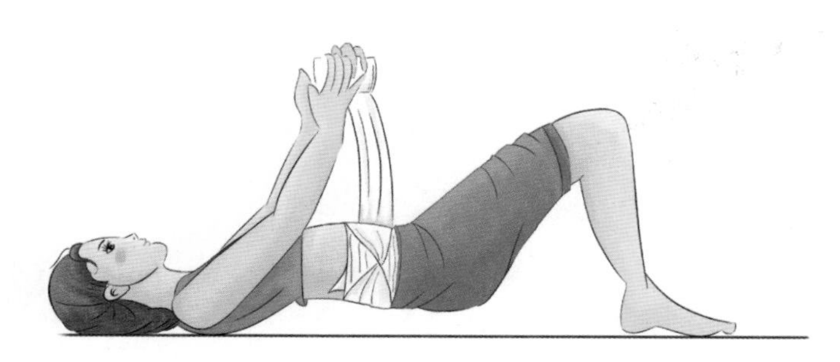

第二步：推完，拿起束腹带从髋部耻骨处开始缠绕，前 5~7 圈重点在下腹部重复缠绕，每绕一圈半，斜折一次。每圈挪高大约 2 厘米由下往上环绕，直到盖过肚脐，再用回形针固定。

拆下时边拆边将束腹带卷成圆筒状，方便下次使用。

哺乳是有效的瘦身方式

有些新妈妈觉得如果哺喂宝宝就得多吃、多补，更不易恢复体形，所以干脆就放弃哺乳。这是极不正确的。专家提醒新妈妈，产后最佳的瘦身秘方就是哺乳了，因为喂母乳有助于消耗母体的热量，其效果比起节食、运动，丝毫不逊色！

在哺乳期的前3个月，新妈妈怀孕时在体内储存的脂肪，可以借助哺乳每天以100~150千卡的热量消耗掉，由于哺乳妈妈所消耗的热量较多，自然比非哺乳妈妈容易恢复产前的身材。同时，哺乳还可加强母体新陈代谢和营养循环，将体内多余的营养成分输送出来，减少皮下脂肪的堆积。

难以置信！哺乳1天相当于快走2千米

母乳为小宝宝提供了所需的营养、能量，这些营养、能量都来自于妈妈。新妈妈每哺乳1天，产生的乳汁所消耗的能量相当于快走2千米，这可是最省力的减重方法了。

研究发现，每喂1毫升母乳，新妈妈就会平均消耗0.6~0.7千卡的热量。满月宝宝每天大概需要600毫升的乳汁，新妈妈分泌等量乳汁要消耗的热量相当于走路2小时，跑步1小时，或者做家务2小时的运动热量。随着宝宝的长大，所需乳汁量的增加，新妈妈需要消耗更多的能量来分泌乳汁。有专家发现，母乳喂养的新妈妈，只需要短短2周时间，就可以轻松减重1千克。这么省力、省心，又健康的减肥方法，新妈妈快试试吧。

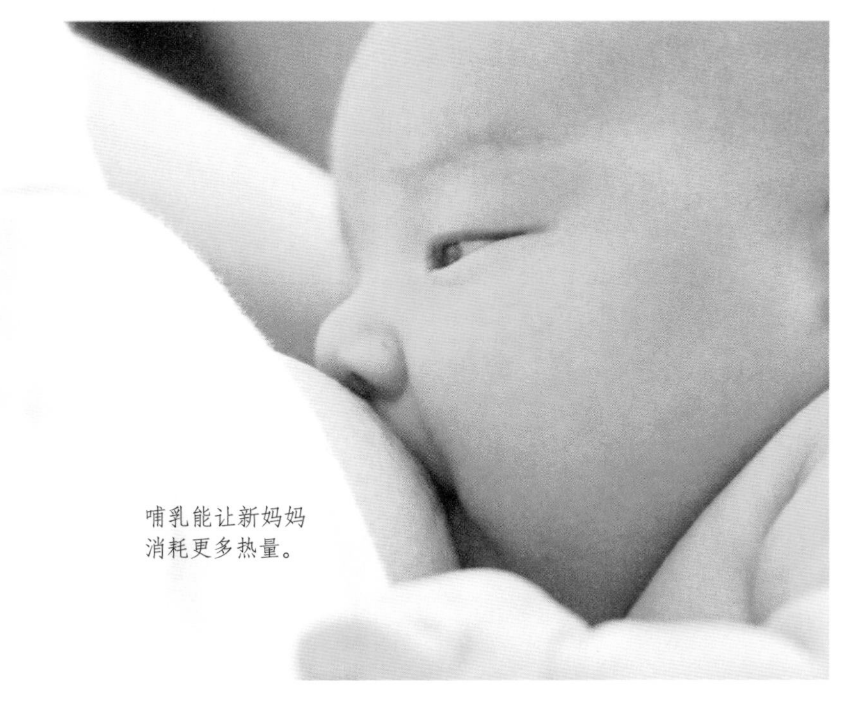

哺乳能让新妈妈
消耗更多热量。

泌乳，让身体燃烧更多脂肪

母乳中含有多种宝宝成长所必需的营养成分，如蛋白质、脂肪、维生素、矿物质，以及有益健康的免疫蛋白等，这些都将成为宝宝成长的力量，都是妈妈体内额外的热量变成的，即妈妈每天泌乳，就在消耗热量，这也是母乳喂养能够瘦身的原因。

新生儿每次吃奶30~50毫升，按每3个小时就会吃一次计算，新妈妈每天需要泌乳300毫升左右，这需要消耗新妈妈大约180千卡热量，相当于有氧运动30分钟。随着宝宝长大，需要乳汁量越来越多，哺乳妈妈每天消耗的热量也越来越多，因此，母乳喂养是很好的瘦身方式。

会阴侧切，养好伤口再减肥

会阴侧切的新妈妈由于会阴伤口位于尿道和直肠之间，极易受尿液和粪便的污染，加之产后血性恶露较多、新妈妈体虚，容易引发感染，因此在产后要注意多养护。如果会阴侧切的新妈妈产后想瘦身减肥，要等到养好伤口后再进行，以免在减肥过程中使伤口恢复不好，影响以后的生活。

会阴侧切后的养护要点

1 在产后的最初几天里，恶露量较多，卫生巾要经常更换。第1周内，每天最好用1:2 000新洁尔灭（苯扎溴铵）消毒液冲洗会阴2次。

2 新妈妈应养成规律的排便习惯。发生便秘时，不可屏气用力扩张会阴部，可用开塞露或液体石蜡润滑。尤其是拆线后前两三天，新妈妈应避免做下蹲、用力动作，避免会阴伤口裂开。

3 大小便后要用温水冲洗外阴，以保持伤口清洁干燥，防止感染。

4 伤口痊愈不佳时要坚持坐盆辅助治疗，每天一两次，持续两三周，这对伤口肌肉的复原极有好处，坐盆药水的配制应根据医生的处方或遵医嘱。

5 如果伤口在左侧，应当向右侧睡；如果伤口在右侧就应向左侧睡。

6 伤口水肿时，可用95%的酒精纱布或50%硫酸镁纱布进行局部热敷，每天2次。热敷时，新妈妈应尽量将臀部抬高一些，这样有利于体液回流，减轻伤口水肿和疼痛。

7 产后1个月内，新妈妈不要提举重物，也不要做任何耗费体力的家务和运动。

8 在产后8周内，应该禁止性行为。

剖宫产妈妈护理好伤口是瘦身前提

剖宫产妈妈的瘦身计划与顺产妈妈完全不同，首先要等伤口恢复后再进行瘦身。一般剖宫产的手术伤口范围较大，皮肤的伤口在手术后5~7日即可拆线或去除皮肤痂；有的医院会进行可吸收线皮内缝合，不需要拆线，但是完全恢复的时间需要4~6周。剖宫产妈妈与顺产妈妈在运动时间上有3周的差距，应视身体康复状况而定。

剖宫产后伤口的护理措施

1 手术后伤口的痂不要过早地揭掉，过早强行揭痂会把尚停留在修复阶段的表皮细胞带走，甚至撕脱真皮组织，刺激伤口出现刺痒。

2 调整饮食习惯，多吃蔬菜、水果、鸡蛋、瘦肉等富含维生素C、维生素E以及含人体必需氨基酸的食物。

3 注意保持瘢痕处的清洁卫生，及时擦去汗液，不要用手搔抓，不要用衣服摩擦瘢痕或用热水烫洗的方法止痒，以免加剧局部刺激，导致结缔组织炎性反应。

运动：做做恢复运动

产后第1周，新妈妈的身体还处于恢复中，不能做强烈的运动。因此，新妈妈不妨做些简单的恢复运动，对新妈妈身体恢复非常有利，但在运动方式、运动量和运动幅度方面，新妈妈宜谨慎一点，别太着急，否则不仅会使身体恢复变慢，还会使新妈妈运动过程变得痛苦，得不偿失。

顺产后6~8小时就可以下床活动

运动也是排毒的重要方法，肢体的活动能够加快血液循环，促进肠胃蠕动，帮助体内毒素快速排出。产后第1周，新妈妈还不能做大量运动，运动幅度、强度、时间都受到限制，但有些舒缓的小拉伸活动，新妈妈可以尝试一下。

分娩时新妈妈因消耗了大量体力，感到非常疲劳，需要好好休息，但长期卧床不活动也有很多坏处。一般来说，顺产的新妈妈在产后6~8小时就可第1次下床活动，每次5~10分钟。即使会阴撕裂、侧切，也应坚持产后6~8小时第1次下床活动或排尿，但要注意动作尽量慢，避免动作过快、幅度过大而导致缝合的伤口裂开，并且最好有家人搀扶，防止新妈妈因体虚站不稳而摔倒。

产后简单运动，身体更轻松

在产后1周内，新妈妈宜多卧床休息，可在床上做一些简单的腹部活动，改善血液循环，使身体更轻松。由于刚分娩完，新妈妈的身体还很虚弱，在运动的选择上宜谨慎，尽量选择没有大幅度动作的运动，以微微促进血液循环为宜。

剖宫产的新妈妈可在产后24小时，从翻身、下床做起，然后根据自身的恢复情况，在床上做一些活动。对于剖宫产的新妈妈来说，这些活动量就足够了。剖宫产妈妈需要等到伤口愈合后再开始进行运动量比较大的活动，最早在产后4周才开始。

顺产妈妈下床示范图

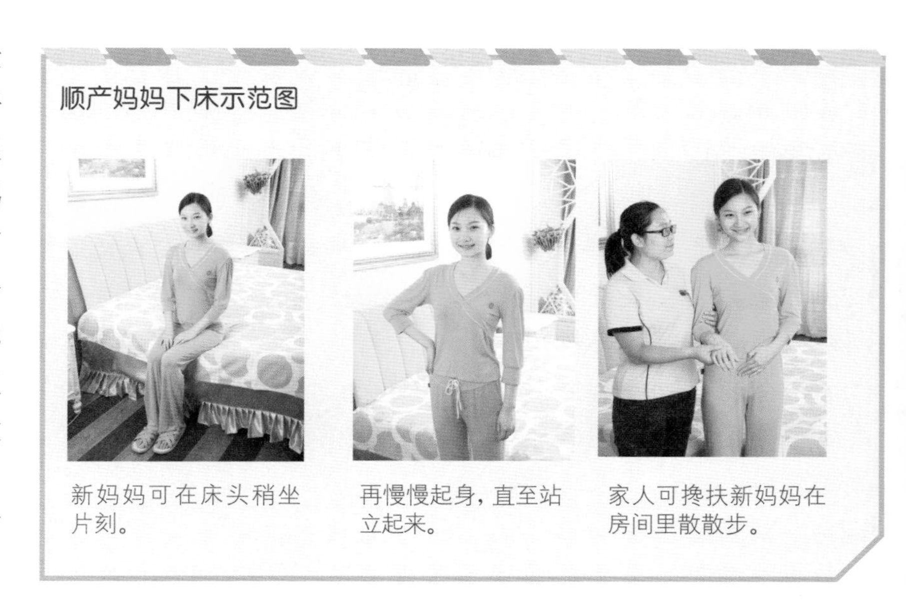

新妈妈可在床头稍坐片刻。

再慢慢起身，直至站立起来。

家人可搀扶新妈妈在房间里散散步。

运动前要做好准备

因为新妈妈的身体比较虚弱，在分娩过程中一些器官可能受到不同程度的损伤，所以不能贸然开始运动，做好充足的准备才能达到产后运动的目的，否则会适得其反。

与医生沟通

新妈妈可以就产后运动事宜与医生提前沟通，看是否适合运动、适合做什么运动、什么时间适合做运动等，让医生帮助新妈妈制订一个产后运动计划。

饮食准备

空腹运动容易发生低血糖。所以，如果新妈妈选择在早晨运动，建议让家人为自己准备适合的早餐。运动前应以优质蛋白质的食物为主，这样可以帮助你在运动中消耗更多的脂肪。鸡蛋、脱脂牛奶、鱼、豆腐等都是蛋白质的上好来源。

衣着准备

最好穿纯棉的宽松衣裤，另外准备一条干毛巾，以备运动时及时擦汗。

产后第 1 周运动应注意

产后第 1 周运动宜谨慎，要注意以下几个方面：

1 别太着急。尽管产后及早进行运动对新妈妈身体恢复非常有利，但在运动方式、运动量和运动幅度方面，新妈妈宜谨慎一点，别太着急，否则不仅会使身体恢复变慢，还会使新妈妈运动过程变得痛苦，得不偿失。

2 可先从翻身开始。产后第 1 天，新妈妈身体还比较虚弱，如果有会阴侧切，也会有很多不适，不愿意下床走动，这时新妈妈在床上可以经常翻翻身，活动活动手腕、脚腕，对身体恢复也有好处。

3 会阴侧切的顺产妈妈产后第 1 天不适合做缩肛运动和举腿运动，应该等伤口愈合好之后再进行，以免撕裂伤口。

4 运动前需排空膀胱，注意周围空气的流通；运动时要穿宽松弹性好的衣服；避免饭前或饭后 1 小时内运动；运动后出汗需及时补充水分。

5 运动要配合深呼吸，缓慢进行以增加耐力，每天坚持，要有恒心毅力。若有恶露增多或疼痛加剧，则需停止运动，待恢复正常后再开始运动。

剖宫产术后活动要循序渐进

剖宫产手术麻醉消失后，上下肢肌肉可做些收放动作；拔除导尿管后要尽早下床，动作要循序渐进，先在床上坐一会儿，再在床边坐一会儿，再下床站一会儿，然后再开始遛达。

顺产妈妈产后第 1 天的恢复运动

顺产妈妈在产后第 1 天就可以开始活动，可以做一些恢复运动，有助于产后早日恢复，例如：缩肛运动。缩肛运动对产后盆底肌肉和肌膜的恢复非常有益。

缩肛运动

1 仰卧或取坐位，两膝分开。

2 再用力合拢，同时用力收缩会阴、肛门几秒，然后放松。

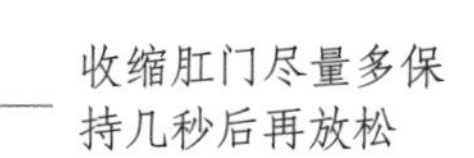

运动注意事项

剖宫产妈妈和会阴侧切的顺产妈妈要等伤口愈合好后再进行，以免撕裂伤口。在做缩肛运动时新妈妈一定要放松腹部，将手放在腹部，感觉到腹部不紧张即可。

这样做效果更好：每次缩肛不少于 5 秒，然后放松，连续做 15~30 分钟。如果新妈妈体力不够，不能坚持也不要紧，可以从每天 5 分钟开始，然后逐日增加时间。运动时应注意动作和缓，不要勉强。备好毛巾和温开水，随时擦汗和补充水分。除了产后第 1 天外，接下来的 1 周顺产妈妈都可以做，如果新妈妈身体还很虚弱，隔 1 天做 1 次为宜。

剖宫产妈妈产后第 1 天要多翻身

由于剖宫产手术对肠道的刺激，以及受麻醉药的影响，新妈妈在产后会有不同程度的胀气。忍住疼痛多翻身，是剖宫产妈妈尽快排气、排恶露、恢复身体的一大秘诀。此时，新妈妈应在家人的帮助下多做翻身动作，就会使麻痹的肠肌蠕动功能尽快恢复，从而使肠道内的气体尽早排出，还可避免引起肠粘连。

另外，剖宫产术后恶露量一般比自然分娩的要少，但剖宫产卧床时间长，术后容易发生恶露不易排出的情况，多翻身可促使恶露排出，避免恶露淤积在子宫腔内，引起感染而影响子宫复位，这也有利于子宫切口的愈合。

剖宫产妈妈可以适当做做深呼吸运动

剖宫产妈妈不同于顺产妈妈，因为伤口还处于恢复中，因此产后第 1 天，剖宫产妈妈不宜做幅度大的运动。但是，剖宫产妈妈可以躺在床上，做做深呼吸运动，可以放松身心。

1 仰卧，两臂放在脑后，用鼻子缓缓地深吸一口气，使腹壁下陷，内脏牵向上方。

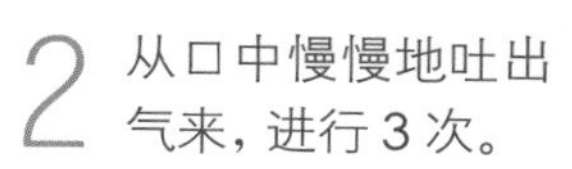

2 从口中慢慢地吐出气来，进行 3 次。

第 2 周的瘦身计划

身体恢复

产后第 2 周，比起第 1 周逐渐有了食欲，有些新妈妈就开始猛吃猛喝，导致体重迅速攀升，这样不仅对自己的调养恢复不利，还会影响新妈妈的瘦身计划。

饮食重点

产后第 2 周胃肠慢慢适应产后的状况，可以试着荤素搭配，慢慢把胃养强壮。

适宜运动

产后第 2 周是内脏收缩至孕前状态的关键时期，也是产后瘦身的好时机，此时做些和缓的产后体操可以帮助新妈妈的内脏复位。

饮食："调" 好身体自然瘦

经过前 1 周的调养和适应，新妈妈的体力慢慢恢复，此时饮食应以清补为主，重在补气、养生、修复，应增加一些补养气血、滋阴、补阳气的温和食材来调理身体，利于恢复和瘦身。新妈妈的身体仍然处于恢复阶段，尤其是子宫的恢复和浆性恶露的预防，要引起绝对的注意。此时，要多吃一些高蛋白质和补虚的食物。剖宫产妈妈的伤口基本上愈合了，从第 2 周开始，可以吃些补血食物，如红枣、猪肝、花生等。

产后少吃多餐不长胖

提起减肥，在饮食上，新妈妈肯定都是在做"减法"，想方设法地要控制一天的进食量，结果越节制越饿，体重反而增加。此时，不必遵循一日三餐，而应像宝宝一样，饿了就吃，少吃多餐，反而能让新妈妈瘦下来。

有研究显示，1 天吃 4 餐以上的人，比 1 天 3 餐或少于 3 餐的人肥胖概率大大降低了。无论是哺乳妈妈还是非哺乳妈妈，可以一日三餐照样和家人一起吃，除了早餐外，午餐和晚餐的食物量最好比以往减掉一半。这样做并不是让新妈妈节食，而是将午餐和晚餐的量分开吃，一天中任何时候饿了都可以再吃一点，吃的东西也不必局限于米饭或者点心，像苹果、香蕉等水果，或者红薯、牛肉、三明治、南瓜米糊都可以。

每餐吃八分饱

新妈妈每餐不要吃得太饱，吃八分饱就好了。这样一天都不会有很饥饿的感觉，也不会在一顿饭中因填不满的饥饿感而大吃特吃了。然后慢慢做到在不饿的时候坚决不吃东西。这样有助于胃肠蠕动，加快食物的消化，加大热量的消耗。

哺乳妈妈的饮食宜少油少糖

哺乳过程中，妈妈需要从食物中至少摄入500千卡热量，才能保证宝宝每天对乳汁的需求，所以传统的坐月子观念里，要求哺乳妈妈一定要大补。在人们的观念中，大补就是多吃，而且往往是多吃高蛋白、高脂肪的食物，如猪蹄、羊肉、鱼等，这些食物含有丰富的营养，但如果每天都吃，就是过量摄入，容易造成营养过剩，而且哺乳妈妈运动少，身体基础代谢率低，多余的热量很容易转变成脂肪存储下来，使体重增加。

其实，处在哺乳期的妈妈可适当进补，但不需要大补，尤其是多食、多饮高热量和高糖分食物，更应避免，哺乳妈妈和怀孕前一样正常饮食，或者稍微增加蛋白质摄入即可。体重偏重的哺乳妈妈还应多吃些新鲜的蔬菜、水果，保证足够的维生素、膳食纤维和矿物质摄入。

适宜的进餐时间

早餐在7:30左右吃最好。现代社会晚餐时间大大延后，一般都在19:00以后才能吃饭，有的甚至是20:00以后，这么晚的就餐时间导致消化器官在睡眠时依然在工作，到凌晨才能进入休息状态。而早餐与午餐以间隔4~5个小时为宜，所以7:00起床后，活动20~30分钟再吃早餐最佳。

月子期间多晚也要吃早餐

很多新妈妈因为月子期间的作息时间不规律，因此会不吃早餐，营养学家研究了人体代谢特点发现，早餐是每个人一天中最不容易转变成脂肪的一餐，而且早餐营养的摄取需要为一天的能量需求打下基础，如果不吃早餐，只会令午餐前的饥饿感提前到来，并且令午餐吃得更多。这样一来，胃口变大，导致总觉得饿，吃得更多，结果更多的热量转化成脂肪储存在体内。其实，最合理的三餐配比应该是早餐、午餐和晚餐的比例为3:2:1，这能让你在一天内所吃的精华在体力最旺盛的时间消耗掉，而且早餐的蛋白质摄入会延续到中午，午餐不必吃太多就会感觉饱了。

新妈妈的早餐应以易消化的汤粥为主。

吃得巧，恢复快，促瘦身

坐月子期间，吃得好新妈妈的恢复才快，日后也能更好地瘦身、减肥。在传统观念中，月子里总是大鱼大肉地吃，让新妈妈胖起来才是吃得好，但事实上，月子里吃得巧，才能恢复得快。有经验的妈妈整理了月子饮食的要点，新妈妈不妨学习一下。

早餐坚持吃粗粮。粗粮中含有丰富的矿物质、B族维生素，对产后恢复很有好处，而且它所含的膳食纤维能促进肠胃的吸收和蠕动，加快新陈代谢的速度，对瘦身是有效的。新妈妈月子里的早餐可以把小米粥、玉米粥、黑米粥、五谷粥等轮换食用，产后2周后，还可以加上红枣粥、核桃仁粥、桂圆粥等。

月子里喝热汤有助于排汗。产后容易出汗，月子里可适当喝点热汤，促进新妈妈排汗，这不但有助于产后水肿的消除，还有助于体内毒素的排出。孕前喜欢喝米酒的新妈妈，此时不妨在加餐时试试米酒煮蛋。

喝汤要清淡。月子里要喝汤，而且大多是富含营养的鸡汤、鱼汤、猪蹄汤等，新妈妈要注意先把汤上面的油去掉，然后再喝，这样既能保证汤品的营养，又不会猛长肚子。而且喝汤的时间也要控制好，在吃饭中间喝汤，既补充营养，饱腹感强，还不长胖。

月子初期不宜总喝肉汤、鱼汤，适当喝点蔬菜汤更有利于身体恢复和瘦身。

新妈妈要适量吃水果、蔬菜

传统观念认为月子期间不能吃蔬菜、水果，其实蔬菜和水果富含维生素、矿物质和膳食纤维，可促进胃肠道功能的恢复，增进食欲，促进糖分、蛋白质的吸收利用，特别是可以预防便秘，帮助新妈妈达到营养均衡的目的。因此，新妈妈产后可以适量吃水果、蔬菜。

月子里常喝小米粥，有助于恢复

小米含有丰富的B族维生素，而且易于消化，很适合新妈妈的肠胃，有利于新妈妈受损器官的恢复。产后第2周，可在粥里放些豆类。红豆、花生、大枣都可以与小米放在一起熬煮成粥，新妈妈食之有助于提高代谢能力。

但也别只喝小米粥。小米粥可以作为月子餐里的调节饮食，早餐或晚餐食用即可，不必天天、顿顿都是小米粥，饮食还是应合理。

产后不宜喝咖啡和碳酸饮料

咖啡会使人体的中枢神经系统兴奋。虽然没有证据表明它对宝宝有害，但也同样会引起宝宝神经系统兴奋。碳酸饮料不仅会使哺乳妈妈体内的钙流失，它含有的咖啡因成分还会通过乳汁导致宝宝烦躁不安。

剖宫产妈妈不宜暴饮暴食

有些新妈妈不注意饮食，盲目地补，再加上不爱运动，体重反而比怀孕的时候还重。这样既对自身健康不利，又影响美观。其实，新妈妈适量补充营养就好，特殊补品宜少不宜多。尤其是剖宫产妈妈不要暴饮暴食，剖宫产妈妈产后胃肠虚弱，处于恢复阶段，若暴饮暴食很容易导致急性胃肠炎或胆囊炎等病症的发作。

另外，新妈妈还要注意多运动，这是合理控制体重的有效方式，不仅有利于促进血液循环，加速恶露排出，也有利于各器官功能的恢复，还为新妈妈体形恢复奠定了良好的基础。

剖宫产妈妈应及时补血助恢复

进入产后第 2 周，剖宫产妈妈的伤口基本上愈合了，胃口也有了明显的好转，因分娩而损失的元气要及时补回来，这就需要及时补血、补充维生素，而这些营养物质也能促进子宫的恢复。

适当吃鱼肉、鸡肉、猪蹄等食物，这些食物含有丰富的蛋白质，有补中益气、补血养胃的作用，可以为正在恢复的身体提供源源不断的营养支持。家人可以为新妈妈烹制鱼汤、鸡汤、猪蹄汤等汤饮，需要注意的是，烹制汤时不要放太多油，给新妈妈喝之前，也应先将汤表面的油撇去。

可适当多吃红色食物，如红枣、西红柿、猪肝、红糖等，这些食物中含有丰富的铁，有补血补气的功效，很适合此阶段新妈妈食用。

适当多吃些蔬菜，如菌菇类、绿叶蔬菜、萝卜等，不仅可以补充维生素，还能促进胃肠蠕动，改善产后便秘，有助于瘦身。

此外，新妈妈还宜多吃一些利水除湿的食物，如冬瓜、红豆、薏米等，及时排出体内滞留的水分，让身体瘦下来。

花生猪蹄汤

高

滋补又瘦身：花生可益气、养血、和胃；猪蹄补血通乳，非常适合哺乳妈妈食用。但是热量较高，想瘦身的新妈妈要适量食用。

原料：猪蹄1个，花生50克，葱段、姜片、盐各适量。

做法：①猪蹄洗净，放入砂锅内，加清水煮沸，撇去浮沫。②把花生、葱段、姜片放入锅内，转小火继续炖至猪蹄软烂。③拣去葱段、姜片，最后加入盐调味即可。

猪蹄
功效：通乳、美容、补虚弱
作用：猪蹄富含胶原蛋白，有壮腰补膝和通乳的功效，可用于肾虚所致的腰膝酸软和产后缺少乳汁之症。而且多吃猪蹄对于女性具有美容作用
食用方法：炖食、煲汤均可

明虾炖豆腐

低

滋补又瘦身：虾是产后虚弱新妈妈的极好进补食材。虾的通乳效果对产后乳汁分泌不畅的新妈妈尤为适宜。虾的热量很低，利于产后瘦身。

原料：虾60克，豆腐100克，姜片、盐各适量。

做法：①虾去壳，洗净；豆腐切片。②将虾、豆腐片放沸水中焯烫，捞出，备用。③锅中加水烧开，放虾、豆腐片和姜片，煮沸后撇沫，转小火炖至熟透，拣去姜片，加盐即可。

虾
功效：滋阴、补虚、通乳
作用：虾富含蛋白质、钙，肉质松软，易消化、吸收，对产后体虚有良好的补益作用。同时，虾还有通乳的作用，适合新妈妈食用
食用方法：蒸食、煮食、炒食、炖食均可，还可做馅料

鲫鱼豆腐汤

低

滋补又瘦身：鲫鱼和豆腐热量低，适合瘦身的新妈妈食用。

原料：鲫鱼1条，豆腐200克，盐、姜丝、葱花各适量。

做法：①鲫鱼处理后洗净，用姜丝腌15分钟；豆腐切片。②油锅烧热，放鲫鱼、姜丝，小火煎至鲫鱼微黄，加水煮开。③放豆腐片，大火烧开，改小火慢炖，直到鱼熟汤白，调入盐，撒上葱花即可。

鲫鱼
功效：健脾开胃，益气补水，通乳除湿
作用：鲫鱼和豆腐、丝瓜、通草或王不留行等煲汤，有很好的通乳、下奶作用
食用方法：炖食、煲汤均可，但煲汤更能发挥功效

枸杞红枣粥

低

滋补又瘦身：此粥有滋润气血的功效，适合产后有气血不足、脾胃虚弱、失眠、恶露不净等症的新妈妈食用。

原料： 枸杞子 10 克，红枣 3 颗，大米 30 克，红糖适量。

做法： ①枸杞子去除杂质，洗净。②红枣洗净，去核；大米淘洗干净。③将枸杞子、红枣和大米一起放入锅中，加 600 毫升水，大火烧沸。④转小火煮 30 分钟，加红糖即可。

红枣
功效： 补虚益气、补血
作用： 红枣富含铁和钙，对产后骨质疏松、贫血有重要作用，此外，还对产后身体虚弱的新妈妈有滋补作用
食用方法： 生食、熬粥、煲汤均可，但不可过量，以免引起胀气

276 千卡

黄花菜豆腐瘦肉汤

高

滋补又瘦身：干黄花菜与富含蛋白质的豆腐和滋阴润燥的猪瘦肉同食，具有补气、催乳的作用。

原料： 猪瘦肉 100 克，干黄花菜 10 克，豆腐 150 克，盐适量。

做法： ①干黄花菜泡发，洗净；猪瘦肉洗净，切块；豆腐切块，备用。②将黄花菜和猪瘦肉块一起放入锅中，加适量水，大火煮沸，改小火煲 1 小时。③放豆腐块煲 10 分钟，最后加盐调味即可。

干黄花菜
功效： 清热解毒，利水通乳，健脑
作用： 哺乳妈妈食用可起到通乳下奶的作用；还有利尿、消肿的功效，可用于治疗浮肿，小便不利
食用方法： 凉拌、炒食、煲汤，但食用前应先用热水焯熟，以免引起中毒

199 千卡

紫菜鸡蛋汤

低

滋补又瘦身：此汤是产后贫血新妈妈的滋补良品。且此汤制作简单，热量较低，利于产后新妈妈瘦身。

原料： 鸡蛋 2 个，紫菜 10 克，虾皮 5 克，葱花、香油、盐、香菜叶各适量。

做法： ①紫菜撕成片状；鸡蛋打成蛋液。②锅里倒清水，待水煮沸后放虾皮略煮，再把鸡蛋液倒进去搅成蛋花。③放入紫菜片，继续煮 3 分钟。④出锅前放盐调味，撒上葱花、香菜叶，淋上香油即可。

紫菜
功效： 利尿消肿，补虚、补血
作用： 紫菜有很好的利尿作用，可作为消除水肿的辅助食品；紫菜中含丰富的钙、铁元素，对缺铁性贫血有一定作用
食用方法： 煮食，很适合做汤或在煮面、煮馄饨时加入少许

207 千卡

产后恢复：做好护理，骨盆、子宫早恢复

经过 1 周的调整，新妈妈身体渐渐恢复，脾胃功能也开始恢复。在第 2 周里，骨盆、子宫的恢复是新妈妈的头等大事。分娩后子宫是怀孕前的数十倍大，而骨盆也会因此松弛。如果骨盆、子宫恢复不好，会造成新妈妈产后出血，还会使骨盆、子宫变形。因此要注意一些生活中的小细节，做做简单的运动，这样有助于骨盆、子宫渐渐恢复。

保护骨盆，避免睡软床

分娩后，新妈妈骨盆尚未恢复，缺乏稳固性，如果这时睡太软的席梦思床，左右活动都有阻力，不利于新妈妈翻身坐起，若想起身或翻身，必须格外用力，很容易造成骨盆损伤。建议新妈妈产后最好睡一段时间的硬板床或床垫较硬的床，待身体恢复后再改睡舒适的软床。

按摩腹部，巧排恶露

新妈妈产后瘦身，要坚持瘦身与调理身体并进的原则。按摩腹部就是一个很好的运动方法，既有利于新妈妈尽快排出恶露，又能让腹部的肌肉变紧实。

新妈妈可以这样按摩：平躺于床上，用拇指在肚脐下约 10 厘米处(这就是子宫的位置)轻轻地做环形按摩。每天按摩 2 次，每次 3~5 分钟。当子宫变软时，用手掌稍施力于子宫位置，做环形按摩，如果子宫硬起，则表示收缩良好。

看恶露推测子宫恢复情况

分娩后：恶露像月经，颜色鲜红，量多，时有小血块，有少量胎膜及坏死脱膜组织，持续三四天。

分娩四五天后：出血量减少，浆液增加，变为浆液恶露，持续 10 天左右后，转变为白色恶露。

分娩 10 天后：恶露变黏稠、色泽较白，产后 14~21 天消失。

注意会阴清洁，利于子宫恢复

要经常清洗会阴，产后 1 周内，每天必须冲洗两三次。若会阴部有伤口，应用 1:5 000 的高锰酸钾溶液冲洗，每次大便后要加洗 1 次。这样不仅可防止细菌侵入，也有利于子宫的恢复。

卫生巾和护垫要勤换。卫生用品贴身时间最长不宜超过 4 小时，否则会滋生细菌。

注意生活卫生。产后出汗较多，新妈妈要注意擦身或洗澡，常换内衣、内裤，而且内衣、内裤最好手洗。

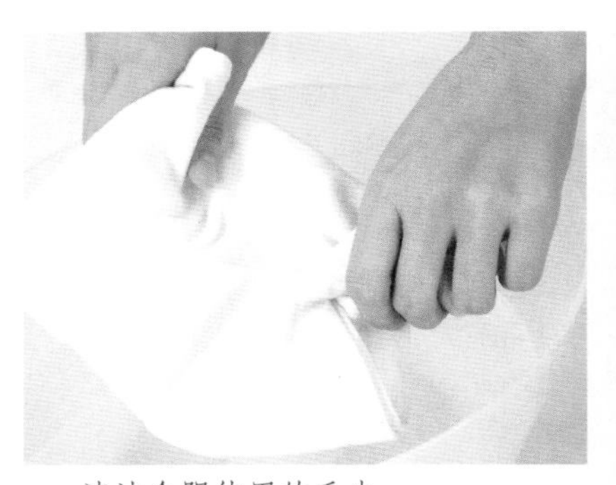

清洁会阴使用的毛巾应单独清洗，并置于阳光下杀菌。

适当按摩，加强子宫收缩

产后子宫需要收缩，以尽快排尽子宫内因分娩后残留的组织，才能尽快恢复。有的新妈妈子宫收缩不足，此时按摩子宫可帮助它排尽污物。手在肚脐下摸，摸到腹内有圆形部位，用一只手掌按压，并进行顺时针方向按摩，直到感觉子宫变硬为止。子宫变硬，表示子宫正在收缩。产后新妈妈可以根据子宫的软硬程度，来决定按摩时间和频率。如果产后 2 周摸到子宫还是软软的，表明子宫恢复不佳，应咨询医生，找出具体原因。

哺乳可以促进子宫收缩

母乳喂养还有助于促进新妈妈身体的恢复。很多新妈妈都曾有过，刚开始母乳喂养时，每次一喂奶，小肚子就变得硬硬的，还一阵阵疼的感觉，这是产后哺乳引起的子宫收缩。

宝宝吸吮乳头时，新妈妈神经系统接受刺激，大脑垂体会分泌催产素，在刺激乳汁分泌的同时，也会刺激子宫收缩，有利于子宫的回缩和腹壁的复原。所以产后哺乳时，新妈妈小肚子出现一阵阵疼痛的情况是正常的，随着子宫、腹壁的恢复，这种情况会渐渐消失。但是孕期脂肪增加引起的小肚子变大，可不会因为子宫恢复就变小了，还是需要适当的运动，才能减掉小肚腩。

剖宫产妈妈要留意伤口

剖宫产 2 周之内，新妈妈要避免腹部伤口沾水，全身的清洁宜采用擦浴，在此之后可以淋浴，但恶露未排干净之前一定要禁止盆浴。如果是夏天，要及时擦去身上的汗液。除了保持干爽外，新妈妈也要保持所穿的衣服干净整洁。另外，伤口要勤换药，保持伤口及伤口周围清洁干爽。

此外，要特别注意翻身的技巧。术后 24 小时后就应该练习翻身，坐起并下床慢慢活动，以增强胃肠蠕动并尽早排气，防止肠粘连及血栓形成。

产后子宫恢复时间

顺产妈妈的子宫，在产后 42 天才能完全恢复；其次是子宫内膜，在产后 56 天左右能完全愈合；最后是黏膜，也需要 56 天左右。剖宫产妈妈因为子宫、阴道和外阴等器官组织恢复缓慢，至少需要 3 个月时间。子宫恢复的快慢与新妈妈的年龄、健康状况、分娩方式、分娩次数以及是否哺乳都有一定的关系。子宫恢复需要一个过程，不可操之过急。

运动：视情况做产后体操

坚持在月子里进行一些锻炼，可以让新妈妈更快、更好地恢复体质、体形。一般产后 2 周可视身体情况进行一些仰卧起坐或腹肌锻炼，运动强度低的产后体操也是比较适宜的。不过在进行运动时，新妈妈应考虑自己的身体情况，不要勉强自己，不能过于激烈或锻炼时间太长。运动需要持之以恒才会有好的效果，新妈妈们一起加油吧！

哪些新妈妈不宜做产后体操

产后的体操锻炼是新妈妈恢复体形的一种很好的方式，是很多新妈妈瘦身的首选。但是，并非所有的新妈妈都适合用这种方式运动。有以下情况的新妈妈就不宜做体操锻炼：产后体虚发热者，血压持续升高者，有较严重心、肝、肺、肾疾病者，贫血及有其他产后并发症者，做剖宫产手术者，会阴严重撕裂者，产褥感染者等。

产后不宜急着游泳瘦身

产后不久就下水游泳，通过增加运动量减少孕期积累的全身脂肪，是许多爱美妈妈的选择。但是，产后立即游泳会大大增加产后新妈妈得风湿病的可能，在子宫没有完全恢复时游泳，容易造成细菌感染或慢性盆腔炎，因此应当慎重下水游泳。

锻炼腹肌减掉小肚腩

恢复较好的新妈妈在自然分娩后 1 周可做俯卧撑和仰卧起坐锻炼腹肌力量，减少腹部赘肉。

俯卧撑的做法：俯卧床上，双手撑起身体，收腹挺胸，双臂与床垂直；胳膊弯曲向床俯卧，但身体不能贴着床。每天做 1 次，每次 3~5 个，以后可逐渐增加。

仰卧起坐的做法：平躺于床上，双腿弯曲，两手放在耳后，慢慢抬起上半身再躺下。注意利用腰部和肘部的力量。每天 1 次，每次 3~5 个，以后可逐渐增加。

剖宫产妈妈的减肥计划

剖宫产妈妈的减肥计划与顺产妈妈完全不同，在开始运动的时间上有 3 周左右的差距，而且宜视身体康复状况而定。剖宫产妈妈要根据自己的身体恢复进度，设定属于自己的减肥时间表。

产后 6 周酌情开始减肥

剖宫产妈妈的伤口康复需要更多的时间，4 周的时间并不能使身体完全恢复，还需要继续恢复体力。产后 6 周后，才可以根据身体状况来酌情考虑减肥问题，而且要以调整饮食为主。

产后 2 个月循序渐进减重

根据个人的伤口恢复情况，可以适当增加运动量，并减少一定的食量，改善饮食结构，不过，进行母乳喂养的妈妈要注意保证营养摄取。

产后 4 个月可以加大减肥力度

从产后 4 个月起，剖宫产妈妈身体的恢复基本与顺产妈妈一样了，那么减肥的计划时间也可以与顺产妈妈一样，可以适度增加运动，继续科学饮食，以保证身体逐渐恢复。

剖宫产妈妈可以适当活动

剖宫产妈妈在月子里虽然不能进行肌肉运动，但是从产后 3 周开始，可以进行一些舒缓的活动，如在室内走一走，做一些柔和的拉伸，或者在床上活动下四肢，这对促进剖宫产妈妈的新陈代谢以及身体康复是非常有益的。

背、腕伸展运动

1 取坐位，盘膝，双手自然放于两腿上。

2 两手在前，手心向内握住，向前水平伸展，背部用力后拽，保持 10 秒。

3 双臂紧贴耳朵，抬高，两手掌压紧，保持 5 秒，放松。

4 两手在前相握，手心向外，同样向前伸展，保持 5 秒，放松。

理论上，产后 3 个月后，剖宫产妈妈就可以进行有针对性的肌肉运动了，体形也会随着运动和饮食的控制而渐渐恢复到孕前。研究显示，科学合理的饮食和运动，加上正常的工作，会让大多数妈妈在宝宝 1 岁以后恢复到孕前的体重和体形。

超简单的子宫、骨盆恢复操

产后第 2 周，子宫经过不断地收缩逐渐缩小，第 2 周时子宫颈内口会慢慢关闭。下面这套简单的子宫恢复操和骨盆恢复操对新妈妈子宫和骨盆腔的收缩有很大的助益，能有效防止子宫后位，促进子宫和骨盆回到正常的位置上。

子宫恢复操

1 俯卧在床上或垫子上，双腿伸直并拢，双手手掌向下，自然放于身体两侧。

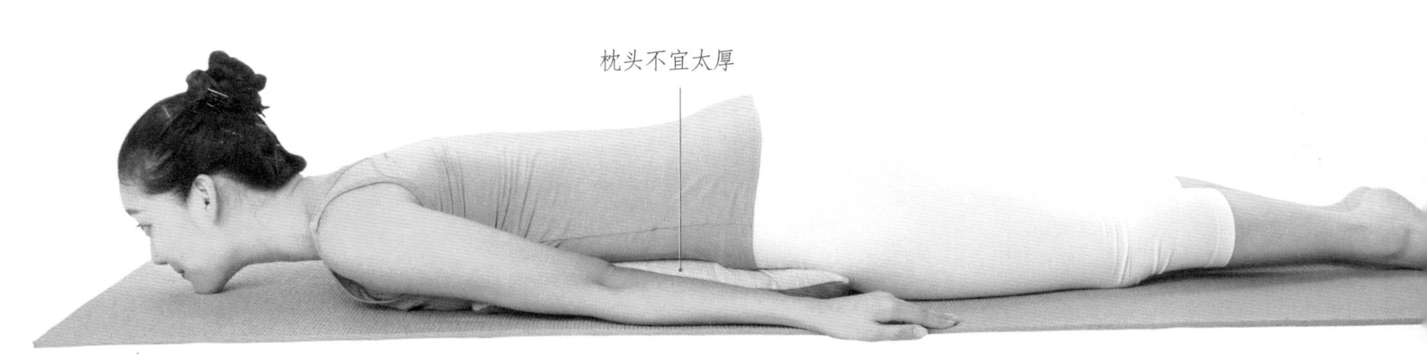

2 将枕头放在腹部，保持自然呼吸。

骨盆恢复操

锻炼部位

- 子宫
- 骨盆

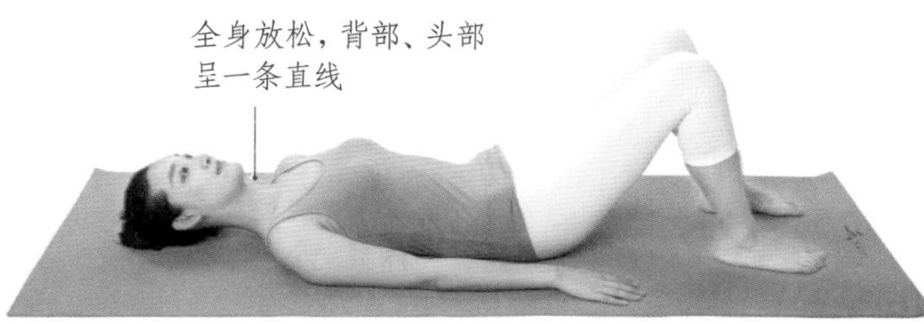

1 仰卧，双腿、双手自然平放，匀速呼吸，两膝弯曲并张开与肩同宽，保持 15 秒。

2 用力将臀部抬离床面并紧缩肛门，保持 10 秒。放下臀部，放松，调整呼吸。

运动注意事项

这套子宫、骨盆恢复操只有在较硬的床上进行才能起到很好的效果，太软的床不利于子宫恢复。在做恢复操之前，新妈妈要做做热身运动，活动活动手腕、脚腕，伸展胳膊和腿。

这样做效果更好：子宫、骨盆恢复操可加强新妈妈腹肌和盆底肌肉的锻炼，促进子宫、腹肌、阴道、盆底组织的恢复。但建议恶露排净后再进行练习。在运动时要配合呼吸，身体舒展时慢慢吸气，肌肉开始紧张时憋气，再次放松后慢慢呼气，运动后调整呼吸。此外，子宫恢复操每天 2 次，早晚各做 3~5 分钟；骨盆恢复操每天做 4~6 次。

提前学快速复原小动作

本周新妈妈身体还处于快速复原期，所以那些复杂、步骤多的产后操并不适合此时的新妈妈。其实，一些小动作看似简单，却可使身体的各个部位都得到有效的锻炼，更适合本周新妈妈瘦身。下面这几个小动作非常简单，能舒展全身筋骨，使新妈妈放松身心，还能促进身体快速复原，新妈妈不妨尝试一下。

蹬腿运动

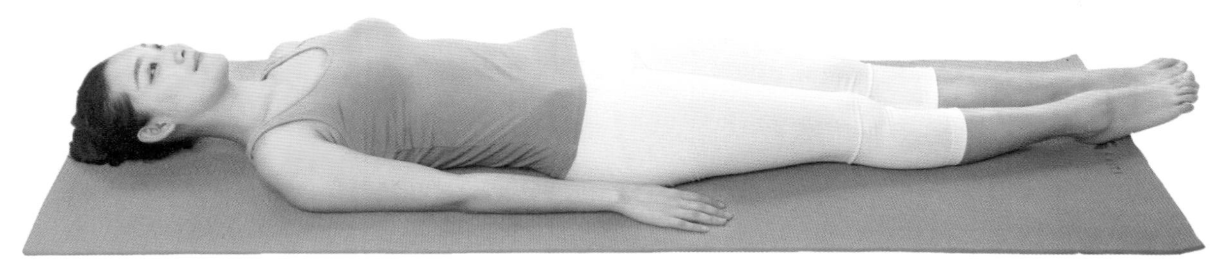

1 平躺于垫子上或床上，双腿、双臂自然伸直。

2 双腿同时向上慢慢抬起，与地面呈 90°，然后再缓慢放下，抬起时不可过度用力。

3 身体体能好的话，可以将双腿举起，在与地面呈 45° 的位置停留几秒。每天 2 次，每次 2 分钟即可。蹬腿运动可促进血液流通，平坦小腹，还可加强腿部、臀部的肌肉力量。

跪坐、伏跪

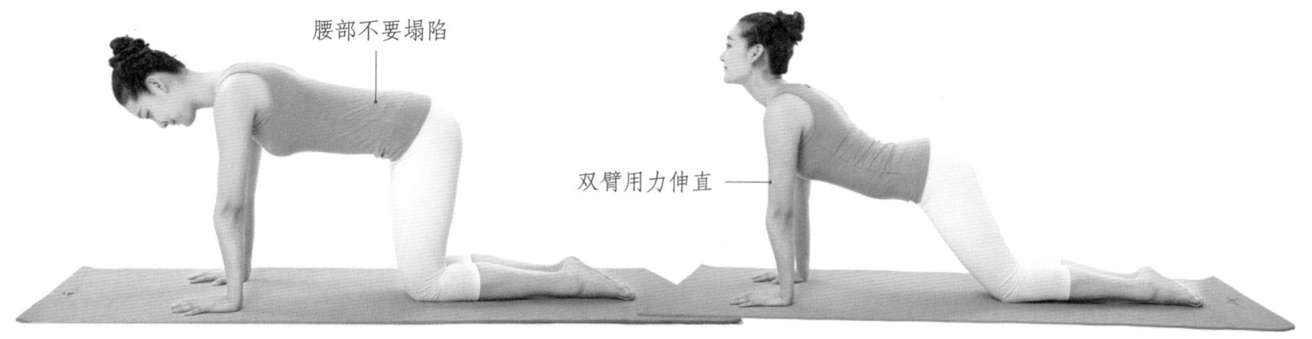

1 翻身俯卧后，慢慢坐起，使身体取跪姿，保持10秒。

2 身体慢慢前倾，用双臂支撑身体，保持10秒。

3 大腿贴在瑜伽垫上，上身挺直，保持自然呼吸。每次运动5分钟，可促进下肢静脉回流，有助于全身血液循环，改善新陈代谢。

活动脚趾

1 坐在垫子上或床上，双腿伸直放平，脚趾向前伸展，保持10秒。

2 将脚趾向自己身体方向翘，然后往下推，重复20次。

第 3 周的瘦身计划

身体恢复

产后第 3 周，新妈妈的精神和体力都恢复了很多，会阴侧切的新妈妈伤口基本愈合，可以开始进行瘦身运动了，但时间和强度应根据自身恢复情况安排。而剖宫产妈妈的伤口还会隐约作痛，所以剖宫产妈妈不适宜进行全面、系统的瘦身锻炼。

饮食重点

产后第 3 周是进补、催乳的关键时期，在此期间，新妈妈要多吃些高蛋白食品，这样可帮助新妈妈尽快复原，而且可提高乳汁质量。与此同时，也要注意预防产后贫血和缺钙。

适宜运动

本周新妈妈可以做些小活动，可以在室内遛达，做一些简单、不累的家务，如整理洗好的衣服等，这些看似简单的、随手可做的小活动，也能为以后瘦身打下良好的基础。

饮食：科学进补，下奶又瘦身

产后第 3 周是新妈妈开始进补的时候，如果新妈妈补得好，不仅可以补充分娩时造成的身体损耗，还有助于养成合理的饮食习惯和健康的生活方式，同时还利于产后瘦身。

此时，会阴侧切的新妈妈和剖宫产妈妈的伤口基本愈合了，身体也逐渐恢复了健康，饮食应以补血益气、恢复体力、补充精力、增强抵抗力为主，同时还要注意静养。最重要的是多吃一些补血食物，调理气血。如黑豆、红豆、花生、红枣、乌鸡、鲫鱼等。

哺乳妈妈还要多吃些健脑益智的食物。此时是宝宝大脑发育的重要时期，一定要给宝宝大脑发育提供充足的营养。这时需要新妈妈多吃些健脑益智的食物，如小米、玉米、黄豆、核桃、栗子、莲子、松子、芝麻、花生等。

适当吃些下奶的食物

此时宝宝的吃奶量会有所增加，新妈妈甚至会觉得自己奶水不够。如果宝宝尿量、体重增长都很正常，两顿奶之间很安静，就说明母乳充足。否则哺乳妈妈就需要吃些丰胸下奶的食物了，这样不仅可以下奶，还可以让新妈妈在哺乳期就拥有完美的乳房曲线。

下奶的食物有花生、猪蹄、木瓜、虾、蛤蜊、黄豆、红豆、豆腐、核桃、花生、芝麻等，还有鲫鱼汤、排骨汤，这些都是公认的很有效的下奶汤。在汤中加入通草、黄芪等中药后效果会更好。喝下奶汤的时候，不能只喝汤不吃肉，要肉和汤一起吃。

哺乳也要管住嘴

“母乳喂养是最佳的瘦身方式”，但很多实现母乳喂养的妈妈并没有瘦下来。其实，这是因为没有找到方法的缘故。

分泌乳汁虽然会消耗大量的能量，但如果哺乳妈妈每天摄入的热量总是超过消耗量，那么剩余的热量会变成脂肪储存在体内，这样体重依然会增加。

哺乳妈妈产生乳汁所消耗的热量，其中一部分由母体脂肪提供，另一部分则需要哺乳妈妈摄入足够的能量才能保证分泌足够的乳汁。除乳汁分泌外，哺乳妈妈日常生活的基本代谢还需消耗一定的热量，所以建议哺乳妈妈每天需要摄入热量 2 200~2 700 千卡，才能保证身体的需要和乳汁的分泌。

每天控制热量摄入是一件麻烦事儿，哺乳妈妈可以了解常见食物的热量，这样在进食时心里就有谱了。

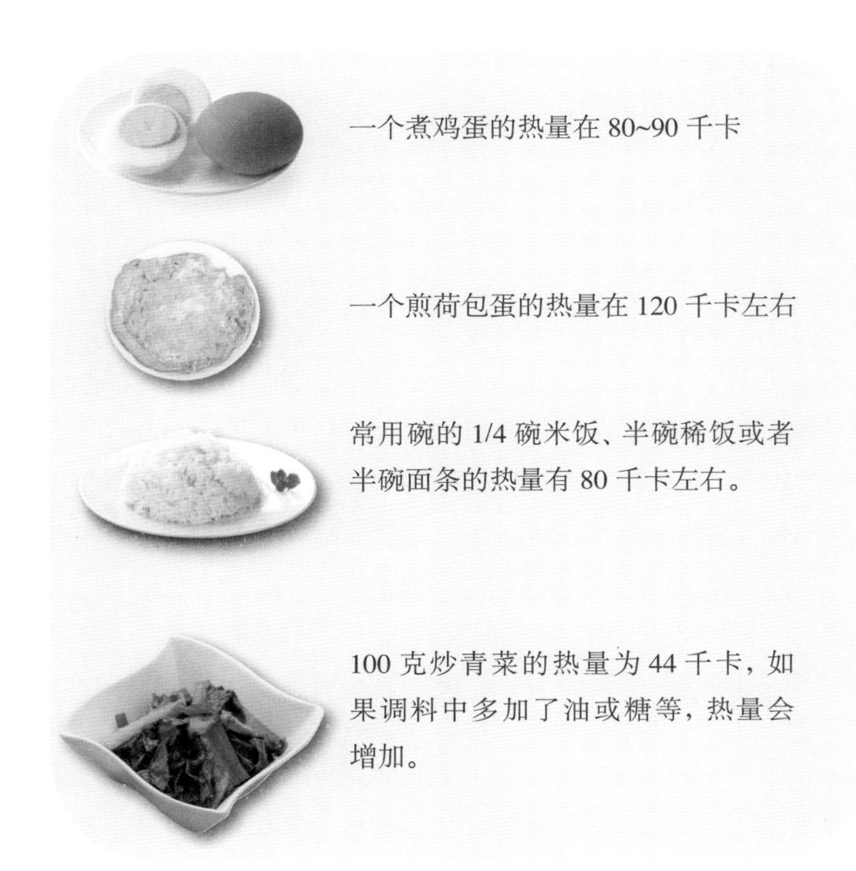

一个煮鸡蛋的热量在 80~90 千卡

一个煎荷包蛋的热量在 120 千卡左右

常用碗的 1/4 碗米饭、半碗稀饭或者半碗面条的热量有 80 千卡左右。

100 克炒青菜的热量为 44 千卡，如果调料中多加了油或糖等，热量会增加。

主食不能少

在哺乳期间，家人总担心哺乳妈妈的营养不够，让哺乳妈妈多吃些肉、蛋、奶、蔬菜、水果类，以为主食是次要的，而且容易长胖，不利于产后瘦身。

事实上，主食是产后哺乳妈妈餐桌上不可缺少的一部分，是碳水化合物、膳食纤维、B 族维生素的主要来源，而且是热量的主要来源。

如果哺乳妈妈选择少吃甚至是不吃主食，会造成营养缺失，长此以往身体会吃不消，还会影响乳汁分泌。因此哺乳妈妈不仅不能抛弃主食，还应该以主食为主，但需适量，保证营养均衡。

从现在开始，哺乳妈妈要重视主食的“主导地位”，如果怕吃得太多，可适当减少主食的量，搭配蔬菜、肉、蛋等，这样既不会摄入过多热量，还营养丰富。

不宜盲目忌口

产后新妈妈身体虚弱，且承担哺乳任务，入口食物需要多加注意，但也别盲目忌口。产后新妈妈营养宜全面，尽量做到不挑食、不偏食、饮食有度。哺乳妈妈可多吃些汤汤水水的食物，如各种营养汤、粥等，以促进乳汁分泌。不要盲目忌口，以免导致营养不良，影响新妈妈和宝宝的健康。

营养丰富的食物也不必天天吃或者刻意要求自己每天吃多少，如鸡蛋虽富含蛋白质和钙，但每天吃一两个已足够；鱼类富含蛋白质，但一周吃两三次也足够，不必过量吃。每天刻意多吃不但增加新妈妈的饮食痛苦，还会增加新妈妈的肠胃负担，引起消化不良。

每天摄取 3 份蔬菜和水果

有研究显示，每天摄取 3 份蔬菜和水果，不但能降低心脑血管疾病发生的概率，对于体重的控制也很有帮助。尤其是蔬菜中丰富的膳食纤维，还有助于把体内的油脂废物排出来。

一份蔬菜保持在 150 克左右即可，水果可在 80~100 克，一般半个苹果就有 100 克左右。

脂肪摄入要优良

产后节食减肥是新妈妈们经常采用的方法，过度节食或不吃脂肪类食物，会使体内脂肪摄入量和存储量不足，机体营养匮乏。如果长期营养缺乏会使脑细胞受损严重，将直接影响新妈妈的记忆力，变得越来越健忘。因此，新妈妈可以摄入优良的脂肪，如不饱和脂肪酸，这是人体不可缺少的优质脂肪，可以使胆固醇酯化，降低血液中的胆固醇和甘油三酯含量；还可改善血液微循环，增强记忆力和思维能力。

适当控制碳水化合物的量

碳水化合物是能量的来源，产后新妈妈身体恢复和新生儿的生长发育都需要碳水化合物。生活中米、面等主食，以及红薯、土豆等食物，都是碳水化合物的主要来源，产后新妈妈要保证每天适量进食这些食物，以保证摄入足够的碳水化合物。不过，产后新妈妈进食要控制有度，保证每天摄入 300 克左右碳水化合物就可以了，这有利于产后瘦身。

各种豆类中不饱和脂肪酸含量高，新妈妈可适量食用。

吃些利于剖宫产瘢痕恢复的食物

为了促进剖宫产妈妈腹部伤口的恢复，要多吃鸡蛋、瘦肉、肉皮等富含蛋白质的食物，同时也应多吃含维生素 C、维生素 E 丰富的食物。蛋白质是母乳中重要的营养素，新妈妈要均衡、适量补充动物蛋白和植物蛋白。另外，剖宫产后，新妈妈应避免食用易引起色素沉着的食物，如咖啡、茶等，以免瘢痕颜色加深。

剖宫产妈妈不宜吃太饱

剖宫产手术时肠道不免要受到刺激，胃肠道正常功能被抑制，肠蠕动相对减慢。若多食会使肠内代谢物增多，在肠道滞留时间延长，这不仅会造成便秘，而且产气增多，腹压增高，不利于新妈妈康复。

剖宫产妈妈选对食物，轻松减重

相对于顺产妈妈，剖宫产的分娩方式对身体损伤很大，因此，剖宫产妈妈更需要饮食调养。但是调养不是大吃特吃，有技巧地调养，能让新妈妈既补充营养又不长肉。

保证营养均衡。所有的新妈妈在饮食上都要做到营养均衡，这样才能保证身体的正常恢复，以及母乳的分泌。因此，除非有特殊的饮食禁忌，剖宫产妈妈宜尽量多摄入不同种类的食物，争取常见的食物都吃一点。这样不仅对妈妈有利，也有助于提高宝宝对食物的适应能力，减少过敏发生。

适当补充维生素、矿物质。剖宫产妈妈伤口的恢复需要充足的维生素和矿物质供应，这都需要从食物中摄取。因此，剖宫产妈妈要适当多吃些新鲜的蔬菜、水果，如果怕凉，水果可以稍微热一下或者用来煮水果粥吃。

少吃高糖、高盐和高脂的食物。现代新妈妈往往在孕期积累了大量的能量，月子里正常饮食即可，不必刻意天天喝糖水、喝肉汤等，可以做些清淡的蔬菜汤喝。

喝蔬菜汤既能减少脂肪的摄入，还能促进肠胃蠕动，一举两得。

猪蹄茭白汤

高

滋补又瘦身：此汤可有效地增强乳汁的分泌。但此汤热量较高，新妈妈要适量食用。

原料：猪蹄150克，茭白50克，葱段、姜片、盐、料酒各适量。

做法：①猪蹄去毛，洗净；茭白洗净，去皮，切片。②将猪蹄、料酒、葱段、姜片同放锅内，大火煮沸，撇沫，改小火炖烂。③放茭白片煮熟，加盐调味即可。

茭白
功效：催乳，利尿去肿，补虚健体
作用：茭白中的碳水化合物、蛋白质和脂肪，具有健壮机体的作用；此外茭白甘寒，有利尿消暑的作用。但茭白含草酸较多，会影响人体对钙的吸收
食用方法：炒食、煲汤均可，但食用前要先用热水焯一下，去除部分草酸

豆角炒面

中

滋补又瘦身：这道主食能让新妈妈远离产后贫血，还可缓解产后便秘。

原料：猪肉丝50克，面条100克，豆角段80克，青椒丝、红椒丝、盐、香油、酱油、淀粉、葱花各适量。

做法：①面条煮九成熟，拌上香油放凉。②猪肉丝加盐、淀粉腌渍。③油锅烧热，放葱花、猪肉丝煸炒，放豆角段、青椒丝、红椒丝炒软，倒入面条炒散，加盐、酱油调味即可。

豆角
功效：健脾和胃，促进食欲，防治便秘
作用：豆角有化湿补脾、调理消化系统的功效，能健脾和胃、促进食欲，适合脾胃虚弱的新妈妈食用
食用方法：炒食、炖食，但是一定要烹饪熟透，以免引起中毒

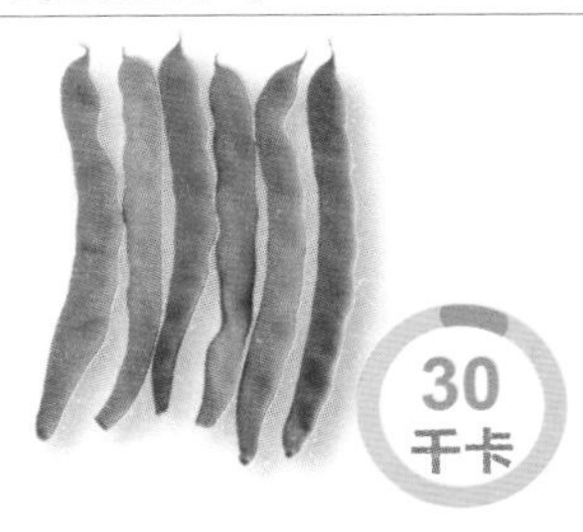

三色补血汤

低

滋补又瘦身：此汤是产后新妈妈补血养颜的佳品。汤中所用食材热量低，适合产后想瘦身的新妈妈食用。

原料：南瓜块50克，银耳10克，莲子、红枣各5颗，红糖适量。

做法：①莲子去心；红枣去核，洗净；银耳泡发，去根，撕小朵。②将南瓜块、莲子、红枣、银耳和红糖一起放入锅中，加适量温水，大火烧开后转小火将南瓜煮熟烂即可。

南瓜
功效：南瓜性温，助消化
作用：南瓜所含的果胶和维生素，能消除体内细菌毒素和其他有害物质，起到解毒作用；并能保护胃肠道黏膜，促进胃肠蠕动、助消化
食用方法：炒食、炖食、煮食、煲汤均可

鳝鱼粉丝煲

中

滋补又瘦身：这道菜有补益作用，特别是对产后身体虚弱的新妈妈效果更为明显。

原料：鳝鱼1条，粉丝40克，白萝卜条20克，姜片、盐、高汤各适量。

做法：①鳝鱼洗净切段，放沸水中去血水，捞出备用；粉丝温水泡涨。②油锅烧热，放姜片、白萝卜条炒香。③加高汤、鳝鱼段，大火烧至八成熟，加粉丝，熟后加盐调味即可。

鳝鱼
功效：壮骨强体，补血补气
作用：鳝鱼富含蛋白质且脂肪含量低，适合产后虚弱的新妈妈食用，能补气血、强筋骨，利于瘦身
食用方法：炒食、煲汤均可，鳝鱼一定要烧熟透后食用，以免引起中毒

红豆酒酿蛋

低

滋补又瘦身：米酒的营养成分易于人体吸收，是新妈妈通乳的佳品。

原料：红豆50克，米酒200毫升，鸡蛋2个，红糖适量。

做法：①红豆洗净，用清水浸泡约1小时。②将浸泡好的红豆和清水一同放入锅内，用小火将红豆煮烂。③米酒倒入煮烂的红豆汤内，烧沸。④打入鸡蛋，待鸡蛋凝固熟透后，加入适量红糖即可。

米酒
功效：补虚，美容养颜，通乳催乳
作用：产后身体虚弱、乳汁不畅的新妈妈适当食用米酒，可促乳汁分泌
食用方法：直接饮用或炖汤均可，米酒在炖汤的过程中酒精会挥发，不用担心会对宝宝造成不良影响

鸡丁炒豌豆

中

滋补又瘦身：这道菜高蛋白、低脂肪，有催乳作用，既不用担心影响哺乳，还可以减肥瘦身。

原料：鸡胸肉100克，豌豆、胡萝卜丁、葱花、香油、淀粉、盐各适量。

做法：①豌豆洗净，用热水焯后捞出，备用；鸡胸肉洗净，切丁，用淀粉上浆，备用。②锅内加香油烧热，放葱花煸香，下鸡胸肉丁炒至变色，加豌豆、胡萝卜丁、盐，炒熟即可。

豌豆
功效：调和脾胃，促进乳汁分泌，清肠通便
作用：豌豆中的膳食纤维可清肠通便。此外，豌豆还能促进乳汁分泌
食用方法：炒食、炖食、煲汤均可

菠菜炒牛肉

中

滋补又瘦身：牛肉能增强抵抗力，改善缺铁性贫血。菠菜能中和牛肉的热量，瘦身的新妈妈可适量食用。

原料： 牛肉片50克，菠菜段100克，盐、白糖、水淀粉各适量。

做法： ①锅内放适量的水烧开，烧沸后放菠菜段焯至八成熟，捞起沥水，备用。②另起油锅烧热，将牛肉片用小火翻炒，加菠菜段，放盐和白糖调味，用水淀粉勾芡即可。

菠菜
功效： 补血，促进新陈代谢，通肠导便
作用： 菠菜富含铁和膳食纤维，能有效补血，还能促进肠道蠕动，利于排便，适合产后便秘和患缺铁性贫血的新妈妈
食用方法： 煮食、炒食、炖食均可，食用前先焯一下，以去除部分草酸

黑芝麻花生粥

中

滋补又瘦身：此粥能补血，适合产后血虚的新妈妈食用。想要瘦身的新妈妈可减少花生的量。

原料： 大米40克，花生20克，黑芝麻5克，冰糖适量。

做法： ①大米洗净，浸泡30分钟；黑芝麻炒香，碾碎。②将大米、黑芝麻、花生一同放入锅内，加清水大火煮沸后，转小火煮至大米熟透。③出锅时加冰糖调味即可。

黑芝麻
功效： 补钙，养颜，润肠道
作用： 黑芝麻富含维生素E，能抗氧化，有润肤养颜、乌发亮发的作用。黑芝麻也是补钙的佳品
食用方法： 炒食、熬粥、打碎弄成糊

姜枣枸杞乌鸡汤

中

滋补又瘦身：乌鸡高蛋白、低脂肪，常喝乌鸡汤，可强筋健骨，预防贫血。适合产后贫血的新妈妈食用。

原料： 乌鸡1只，红枣9颗，枸杞子、姜片、盐、料酒各适量。

做法： ①乌鸡处理干净，放温水中加料酒大火煮沸，捞出斩块。②红枣、枸杞子、姜片、乌鸡块放入锅内，加水大火煮开后，改小火炖至乌鸡肉熟烂，加盐调味即可。

乌鸡
功效： 补气血，强筋健骨
作用： 产后贫血的新妈妈可以适当用乌鸡煲汤，乌鸡有补气血的作用，可有效防治缺铁性贫血，强筋健骨
食用方法： 炖食、煮食、煲汤均可，但煲汤效果更佳

花椒红糖饮 低

滋补又瘦身：花椒红糖饮可以帮助新妈妈回乳，减轻乳房胀痛。但是不适用于母乳喂养的新妈妈。

原料：花椒、红糖各30克。

做法：①将花椒洗净，然后放在清水中泡1小时。②锅置火上，倒入花椒连同浸泡的水，大火煮10分钟。③出锅时加入红糖，搅拌均匀即可。每日一剂，一般两三剂即可回奶。

花椒
功效：回乳、镇痛
作用：花椒有回乳、镇痛的功效，对于想要回乳的妈妈很有帮助。此外，花椒还能缓解回乳妈妈因胀奶引发的乳房胀痛
食用方法：煮食

258 千卡

麦芽粥 低

滋补又瘦身：麦芽有抑制催乳素分泌的作用，此粥适合需要回乳的新妈妈食用，不适合哺乳妈妈食用。

原料：生麦芽、炒麦芽各60克，大米50克，红糖适量。

做法：①大米洗净，浸泡30分钟。②将生麦芽与炒麦芽一同放入锅内，加清水大火煎煮。③将大米放入锅中与混合麦芽一起煮，煮到大米完全熟时，加入红糖即可。

麦芽
功效：回乳、缓解乳胀，消食开胃
作用：生麦芽健脾和胃、疏肝行气，适合产后胃口不佳、乳汁淤积的新妈妈食用；而炒麦芽消食回乳，适用于消化不良，想要断乳的妈妈
食用方法：熬粥、煎服

310 千卡

海带冬瓜排骨汤 中

滋补又瘦身：此汤可为新妈妈提供所需钙质。其中冬瓜利水消肿，是减肥的好食材。

原料：排骨块100克，冬瓜片50克，海带丝、香菜叶、姜片、盐各适量。

做法：①海带丝泡发。②将排骨块用开水略汆，捞起。③将海带丝、排骨块、冬瓜片、姜片一起放进锅里，加适量清水，大火烧开，再用小火煲熟，加盐撒上香菜叶即可。

冬瓜
功效：利水消肿，有助于减肥，祛湿解暑
作用：冬瓜是减肥的理想食物，其富含的丙醇二酸能有效控制体内的糖类转化为脂肪，防止体内脂肪堆积
食用方法：炒食、炖食、煲汤均可

12 千卡

产后恢复：护理好乳房，不下垂更挺拔

从第 3 周开始，宝宝的吃奶量会大大增加。此时，新妈妈的乳房在雌激素、孕激素的刺激下，乳腺管和乳腺腺泡会进一步发育，双侧乳房开始发胀、膨大，有胀痛感及触痛。因此哺乳期更要加强对乳房的护理，这样不仅会有充足的乳汁，避免乳房疾病，还可以防止新妈妈乳房下垂，从而拥有迷人的乳房曲线。

哺乳期穿文胸乳房不变形

不少新妈妈坐月子时嫌麻烦，经常不穿文胸。其实，文胸能起到支持和扶托乳房的作用，有利于乳房的血液循环。对新妈妈来讲，不仅能使乳汁量增多，而且还可避免乳汁淤积而得乳腺炎。同时文胸能保护乳头免受擦碰，避免乳房下垂。

选择什么样的文胸利于支托胸部

新妈妈的生理状况较为特殊，毛孔呈开放状态，易出汗，又要喂养宝宝，因此，文胸应选择吸汗、透气性好、无刺激性的纯棉面料，可根据乳房大小调换文胸的大小和杯罩形状，并保持吊带有一定拉力，将乳房向上托起。新妈妈穿在胸前有开口的哺乳衫或专为哺乳期设计的文胸最为合适。

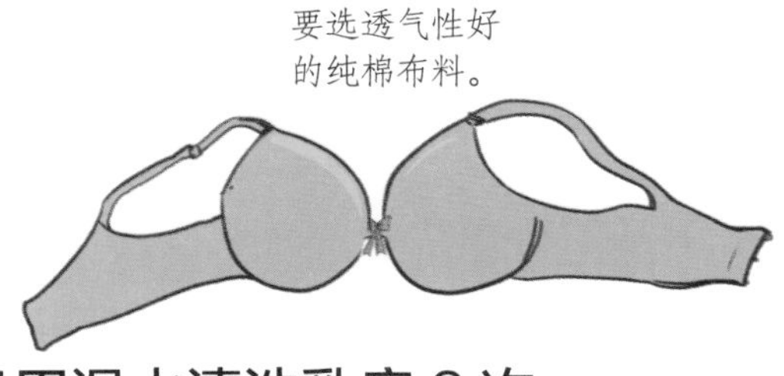

每日用温水清洗乳房 2 次

包括洗澡在内，哺乳妈妈每日可以用温水清洗乳房两次，这样做不仅有利于乳房的清洁卫生，而且能增加乳房悬韧带的弹性，防治乳房下垂。洗澡时，可借助喷头的水力直接对胸部冲洗，可达到刺激胸部血液循环、按摩乳房的作用。

不要挤压乳房

乳房受外力挤压，乳房内部软组织易受到挫伤，引起内部增生等，且外部形状易改变，使挺拔的双乳下塌、下垂等。哺乳妈妈睡觉时最好仰卧和侧卧交替着躺，不要长期向一个方向侧卧，也不宜抱臂或趴着睡，这样不但易挤压乳房，也容易引起两侧乳房发育不平衡。

缓解乳房胀痛的办法

早开奶、勤哺乳。宝宝出生后尽早哺乳，使乳腺管尽早疏通，乳汁尽早排出；尽量让宝宝将奶吸空，有多余的奶可以用手挤出或者用吸奶器吸出。此外，哺乳前要按摩乳房，可以用毛巾热敷乳房，也可以用手由四周向乳头方向轻轻按摩乳房，以促进乳汁分泌通畅。

正确的哺乳姿势使乳房曲线优美

新妈妈每天要花好几个小时哺乳，大部分的新妈妈都喜欢低头看着宝宝吮奶，听着他(她)咕咚咕咚地咽奶，真是甜蜜的时刻。但是如果妈妈喂奶的姿势不正确，久而久之极易感到疲劳，长时间的固定姿势很容易引起单侧的肌肉疲劳，导致产后腰痛。错误的哺乳姿势也会影响局部的血液循环和新陈代谢，会给新妈妈增加减肥的难度。

在哺乳时，采取正确的哺乳姿势，新妈妈不但不容易疲劳，还可以使胸部保持挺拔，防止肩痛；让新妈妈远离乳汁分泌不畅、乳腺堵塞等乳腺问题，并且宝宝吸吮起来也会更方便；同时，还可以纠正骨盆歪斜，使肩背部舒展、放松。

新妈妈可从以下哺乳姿势中选出适合自己的姿势：

1 抱球抱姿。妈妈可倚靠在床头或者坐于椅中，把宝宝放在妈妈身体的一侧，妈妈用前臂支撑着他的背，使宝宝的颈和头枕在妈妈的手上，看起来就像妈妈把宝宝夹在胳膊下面一样。这个姿势比较适合剖宫产的新妈妈。

2 摇篮抱姿。妈妈可倚靠在床头或者坐于椅中，在腿上垫上枕头，将宝宝放到枕头上，让他侧躺，使脸、腹部和膝盖都朝向妈妈，并使腹部紧贴妈妈，妈妈用臂弯托住宝宝的头部、后背和臀部，使他的头达到乳房高度，另一只手可托住乳房。这个姿势比较适合顺产的新妈妈。

3 交叉摇篮抱姿。交叉摇篮抱姿是最常用的哺乳姿势，妈妈用手臂支撑宝宝的头、颈、背部和臀部，使宝宝的腿自然放于妈妈腿上或者用另一只手抱起，引导宝宝找到乳头。这个姿势适合所有新妈妈。

4 侧卧喂奶姿势。妈妈侧卧在床上，宝宝也侧卧，使宝宝脸朝向妈妈，妈妈可用身体下侧胳膊搂住宝宝的头、颈、背，也可以将身体下侧胳膊枕在头下，用身体上侧胳膊扶住宝宝臀部。这个姿势适合剖宫产妈妈或坐着喂奶不舒服的新妈妈。

护理乳房，防止下垂

在哺乳期要避免体重增加过多，因为肥胖也可以促使乳房下垂。哺乳期的乳房呵护对防止乳房下垂特别重要，由于新妈妈在哺乳期乳腺内充满乳汁，重量明显增大，更容易加重下垂的程度。在这一关键时期，一定要坚持穿戴文胸，同时要注意乳房卫生，防止发生感染。停止哺乳后更要注意乳房呵护，以防乳房突然变小使下垂加重。

为恢复乳房弹性，防止胸部下垂，新妈妈可以做做下面这个动作，能帮助维持胸部肌肉的坚实：平躺，手平放身体两侧，将两手向上直举，双臂于左右两侧伸直平放，然后上举至两掌相遇，再将双臂伸直平放，再回原位，重复5~10次。

母乳喂养时，减重要缓慢进行

新妈妈在哺乳期间减重要谨慎，因为运动、饮食、疲劳等都会影响乳汁质量，进而影响宝宝的健康。哺乳期减重不仅要分阶段，而且必须缓慢进行。

出月子后，安全的减肥速度以每月减0.5~0.9千克为宜。如果新妈妈身体比较弱，这个目标重量还需要下降，甚至不能考虑减重，如有必要，还必须吃一些营养的食物，并且保证足够的休息，以保证新妈妈的身体健康。

新妈妈哺乳期间的减重目标，需要通过控制热量摄入和选择正确的食物来达到。通过此方法减下的体重通常不会反弹，不会伤害新妈妈的身体健康，而且也能保证宝宝的营养需要。唯一令人烦恼的是，这种减重方法会比较慢。

泌乳素让乳房更富有弹性

很多新妈妈担心母乳喂养后，乳房会下垂，但其实哺乳的新妈妈乳腺会再次发育，有助于维持完美的乳房形态。同时，母乳喂养妈妈体内含有的泌乳素，这是一种多肽激素，能促进乳腺发育和泌乳，其中乳腺的再次发育会令乳房保持良好形状。

及时“清空”乳房

新妈妈在母乳喂养的时候，一定不要让乳房总处于胀满的状态，一旦感觉奶胀，就要让宝宝吸吮，或者用吸奶器吸奶，否则奶会慢慢胀回去的。在宝宝吃完奶后，如果乳房还有剩余的乳汁，要用手挤出来或者用吸奶器吸出来，“清空”乳房，这样能够刺激泌乳系统分泌出更多的乳汁。

乳头皲裂的护理方法

很多新妈妈刚刚开奶，奶量不多，乳头娇嫩，没能正确掌握哺乳的姿势，很有可能导致乳头皲裂。此时需要新妈妈做的是：

1 每次喂奶最好不超过20分钟，让宝宝含住乳头和大部分乳晕。

2 对于已经裂开的乳头，可以每天使用熟的食用油涂抹伤口处，促进伤口愈合。

3 喂奶前新妈妈可以先挤一点奶出来，这样乳晕就会变软，有利于宝宝吮吸。

4 当乳头破裂时，可先用温开水洗净乳头破裂部分，接着涂以10%鱼肝油铋剂或复方安息香酊。

5 如果乳头破裂较为严重，应停止喂奶24~48小时；或使用乳头保护罩，使宝宝不直接接触乳头。

安全有效的催乳按摩

按摩催乳的原则是理气活血、舒筋通络，是一种简便、安全、有效的催乳方式。按摩之前，新妈妈最好用温水热敷乳房几分钟，遇到有硬块的地方要多敷一会儿，然后再开始进行按摩。

环形按摩：双手置于乳房的上、下方，以环形方向按摩整个乳房。

指压式按摩：双手张开置于乳房两侧，由乳房向乳头慢慢挤压。

螺旋形按摩：一手托住乳房，另一只手的食指和中指以螺旋形向乳头方向按摩。

按摩必须注意手法和力度，手法不准确或者力度太大，都可能导致腺管堵塞加重，严重的还有可能引发炎症。

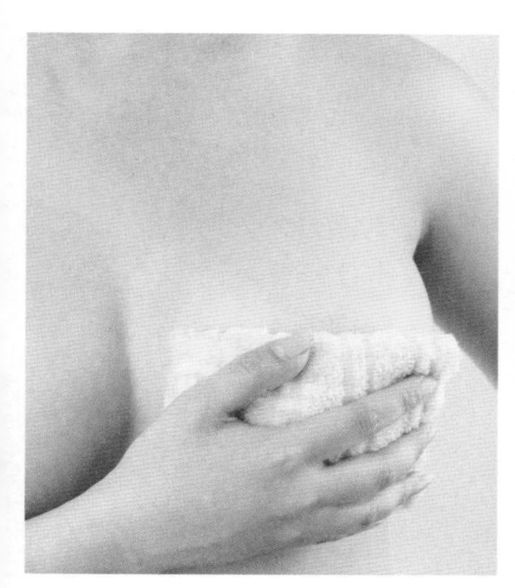

1. 先用温热的毛巾热敷乳房五六分钟。

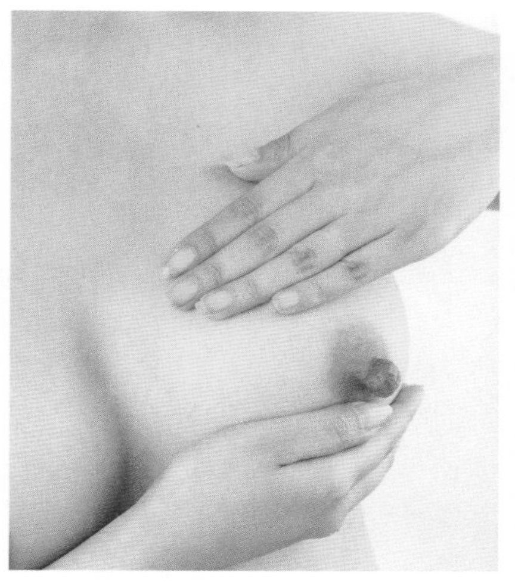

2. 双手置于乳房上、下方做环形按摩。

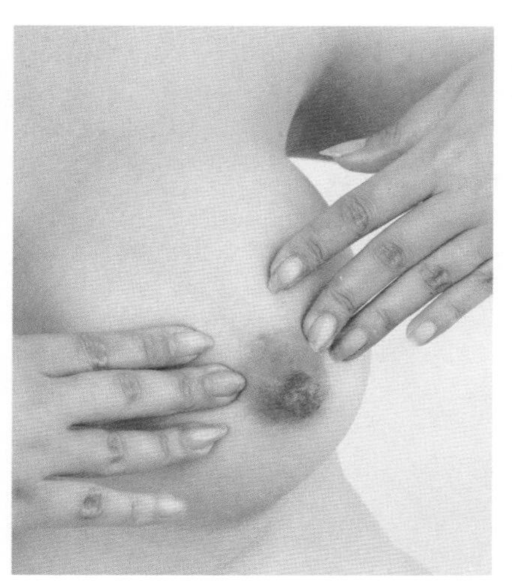

3. 再将双手张开，由乳房向乳头处慢慢挤压。

运动：做做小运动，瘦全身

进入产后第3周，大部分新妈妈的身体已经恢复得很好了，恶露已经变成白色，部分新妈妈的恶露甚至已经消失了。不过，这并不代表新妈妈的身体完全恢复，内脏的恢复还需要一段时间。

边哺乳边做绕肩运动

哺乳时，新妈妈怕打扰宝宝吃奶，总是保持一个姿势不敢动。其实，新妈妈可以一边哺乳，一边做做绕肩运动，能使脖子、肩部和背部更加放松，血液循环更加通畅。

有些新妈妈在哺乳时容易弯腰驼背，肩部和背部也会变得很僵硬。做做绕肩运动可以有效纠正新妈妈的不良姿势，预防慢性肩周炎和乳房疾病，使上半身血液流通更加顺畅，乳房更加挺拔。

1 坐在垫子上或床上，伸直背肌，放松双肩；将宝宝的脸与妈妈的胸部保持在同一高度。（图片仅为示范，新妈妈要带着宝宝一起做哦）

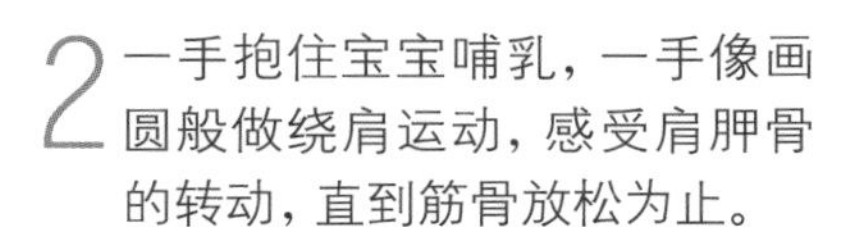
2 一手抱住宝宝哺乳，一手像画圆般做绕肩运动，感受肩胛骨的转动，直到筋骨放松为止。

左手可搭在肩上，也可以伸直

随时可以进行的运动

快出月子了，家人对新妈妈和宝宝的照顾可能不像之前那么无微不至，需要新妈妈更加独立了。有的新妈妈可能会觉得时间很紧张，整天忙忙碌碌的，哪有时间瘦身啊！其实，产后不一定要专门拿出一段完整的时间来锻炼，生活当中随时随地都可以进行锻炼。如行走或站立时，可以做缩肛运动。打电话时，用脚尖站立，使腿部和臀部的肌肉绷紧。因为产后忙于换尿片及抱宝宝，总是弯腰，所以有机会就要深呼吸，伸直背，挺直腰杆。平时在家时，可以做做撑墙运动，也可将头、背、臀、脚跟贴紧墙壁伸直，这样做都可以使新妈妈的身材保持挺拔。

剖宫产妈妈产后 4 周再运动

剖宫产妈妈千万别着急运动，一定要根据身体恢复情况慢慢来。

一般产后第 1 天就可以通过翻身、半卧位与卧位之间的转换来活动，促进胃肠蠕动和排气。

产后第 3 天，开始坐起，然后看恢复情况是否可以下地活动。产后 1 周，剖宫产妈妈可以下床做轻微运动，时间不能太长，也不宜做大幅度的动作。然后随着体力的恢复，慢慢增加运动量。

一般来说，到产后第 3 周左右，新妈妈就觉得好多了，可以下床自由活动了。产后 4 周以后，可以做一些简单的家务，比如帮宝宝叠好衣物，擦擦桌子等，但要注意需要力气的家务最好还是找新爸爸或者其他家人帮忙。

产后 6~8 周后，剖宫产妈妈才可以做产后瘦身操，但要小心，随时注意身体情况，避免做剧烈的运动。

适合剖宫产妈妈月子里的运动

剖宫产妈妈在产后 10 天后可以进行舒缓的运动，以活动四肢为宜。舒缓拉伸的运动可以使新妈妈放松身体，帮助身体恢复。剖宫产妈妈要以休养伤口为主，但是长时间卧床也不利于伤口恢复，可以做些舒缓的拉伸运动，活动全身。也可进行轻柔的局部运动，利于身体放松，如上肢运动。

剖宫产术后早期不建议做太多或太激烈的运动，可以做一些比较轻缓的运动，如各部位伸展运动。早期不要过于追求减肥效果，而影响自己和宝宝的健康。

上肢运动

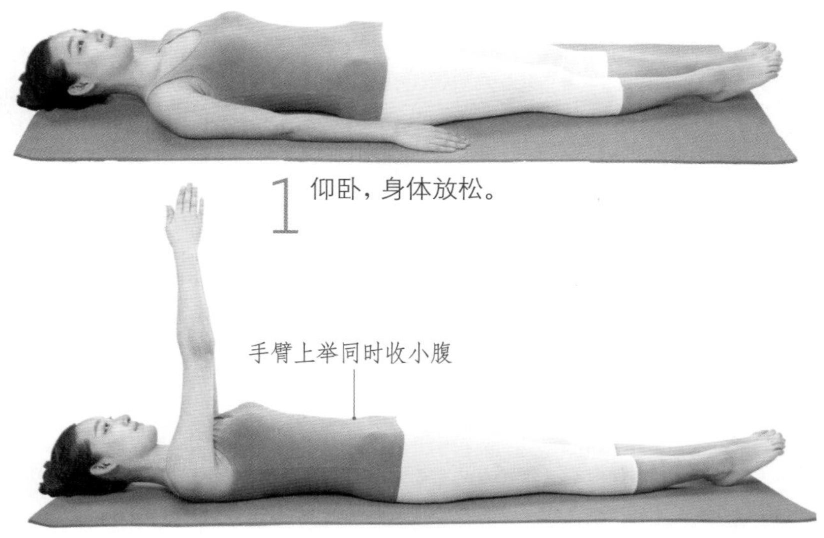

1 仰卧，身体放松。

2 双臂左右平伸，慢慢上举至胸前，两掌合拢，然后保持手臂伸直 10 秒。

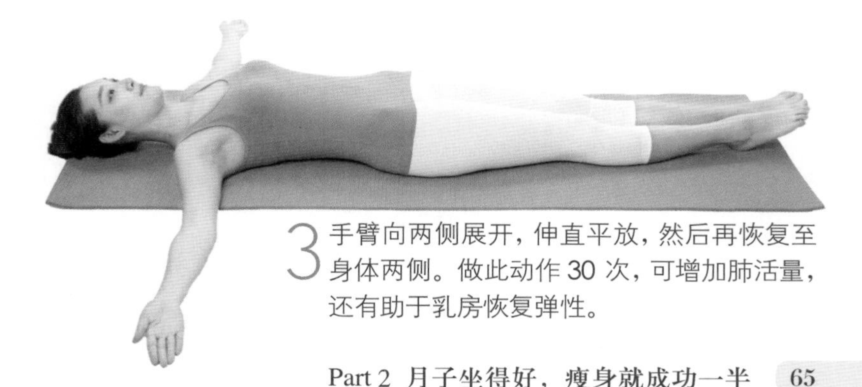

3 手臂向两侧展开，伸直平放，然后再恢复至身体两侧。做此动作 30 次，可增加肺活量，还有助于乳房恢复弹性。

胸部健美操，摆脱乳房下垂

下面这套胸部健美操，可以有效帮助新妈妈，打通乳腺，防止胸部下垂，且有催乳的作用。同时还能锻炼手臂和双腿的肌肉，美化线条。

4 双手在胸前合十。

5 吸气，十指相交，双臂高举过头顶，掌心向上，双臂不要弯曲，上半身保持挺直。

6 呼气，低头，下巴触碰锁骨，背部挺直。

手臂保持与地面垂直

锻炼部位

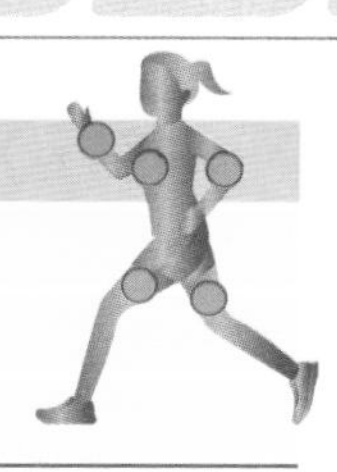

- 胸部
- 手臂
- 双腿

运动注意事项

新妈妈在做这套操时，要保持均匀的呼吸，随着动作呼气、吸气，同时要将胸部、背部保持挺直的状态，这样才能更好地达到目的。

这样做效果更好：可以选择一副用五六成力量举起的哑铃加强手臂的力量。手臂可以平举到胸前，保持 10 秒，然后举过头顶，保持 10 秒。

三角转动操，轻松瘦全身

这套动作能最大限度地拉伸腿部肌肉，有效消除腿部的水肿和赘肉，修长腿部线条。在转动时能充分调动腰部肌肉，塑造新妈妈的小蛮腰。不仅如此，还能拉伸手臂肌肉，活动肩背，美化收紧肩背线条。不要小看这套动作，对于想要瘦全身的新妈妈很有帮助。

1 自然站立，双脚分开至一个半肩宽；深吸气，侧举手臂与地面平行，两膝伸直，右脚向右转 90°，保持 15~20 秒。

2 呼气，上体左转，弯曲躯干向下，右手放于双脚之间，保持 15~20 秒。

3 左手臂向上伸直，与右手臂呈一竖线，双眼看左手指尖，保持 15~20 秒。

4 吸气，先收双手，再挺直躯干，还原初始位置。换方向进行。

锻炼部位

- 腿部
- 手臂
- 肩背
- 腰部

运动注意事项

新妈妈在刚开始做时可能感觉有些困难，不要太勉强，能做到什么程度就做到什么程度，适应身体，坚持练习，动作就会越来越标准，效果也会越来越好。

这样做效果更好：整体的运动时间以不超过 10 分钟为宜。左右都做完为 1 次，每 10 次为 1 组，做完 1 组后，如果身体允许，可以稍微休息一会儿再继续做。做完后可轻拍双臂、双腿，帮助肌肉放松。每天做 1 次，每次做 1 组，1 周可做 7 次。身体柔韧度好的新妈妈可以早上和晚上各做 1 次。

第 4 周的瘦身计划

身体恢复

产后第 4 周，新妈妈会感觉身体较前 3 周有很明显的变化。腹部明显收缩了很多，会阴侧切和剖宫产的伤口也好了很多，不再出现伤口疼痛了。

饮食重点

产后第 4 周是新妈妈体质恢复的关键期，因此现在新妈妈可以适量进补，但是不要盲目进补，要循序渐进，同时要注意养好肠胃。

适宜运动

此时正是顺应身体的状况，进行产后运动和瘦身的好时候，新妈妈可以适当增加运动量，做些简单的健身操，这些都有利于身体恢复到孕前状态。

饮食："养"好肠胃，减少脂肪

产后第 4 周与前 3 周相比，身体变得轻快、舒畅了，胃口也好了很多，但是此时应注意肠胃的保健，不要让肠胃受到过多的刺激，避免出现腹痛或者是腹泻。注意三餐合理的营养搭配，让肠胃舒服是本周的关键，只有肠胃好了，肠胃才能健康"运转"，促进身体新陈代谢的平衡，减少脂肪的囤积，避免引起肥胖。

多准备些健脾胃食物，脾胃好利瘦身

产后第 4 周新妈妈身体的各个器官逐渐恢复到产前的状态，新妈妈要继续滋补元气，但进补要循序渐进，饮食要以"低热量、少脂肪、高维生素"为原则。

此时新妈妈可以多进食一些补充营养、恢复体力的营养菜肴，为满月后开始独立带宝宝打下基础。需要提醒的是，滋补的高汤都比较油腻，要注意肠胃的保健，不要让肠胃受到过多的刺激，引起腹痛或者是腹泻。新妈妈可以吃些健脾胃的食物，如菠菜、山药、南瓜、银耳、猪肚等，养好脾胃，增强肠胃消化功能，加快身体新陈代谢，更利于瘦身。

生吃花生可养胃

花生富含不饱和脂肪酸，而且不含胆固醇，还含有丰富的膳食纤维，每天饭后坚持吃一点生花生能起到养胃的作用。但不要过量了，吃太多容易造成脂肪堆积，每天 5~10 颗即可。

花生细细咀嚼，养胃效果好。

哺乳妈妈营养不均衡更易感觉饿

在减肥的过程中，很容易遇到虽然饱着，但就是嘴巴停不下来想吃东西的情况，这是营养不均衡导致的。人体的基本活动需要均衡的营养保证，均衡的营养可以帮助身体加强新陈代谢，帮助哺乳妈妈从内到外都瘦下来。如果营养不均衡，大脑就会受到影响，感到不满足，提醒身体不断进食。所以新妈妈一定要保证每天摄入均衡的营养。这就要求新妈妈无论是蔬菜，还是鱼肉，尽量不要一直吃单一的食物，而且应尽量避免选择前一餐就已经吃过的东西。多吃不一样的食物，会让哺乳妈妈由内而外地瘦下来。

定时定量进餐，瘦身更容易

科学合理的就餐时间，符合身体的活动规律，能为身体新陈代谢助力，让身体变成易瘦体质。营养专家推荐了最佳的三餐时间表，新妈妈可以根据自己的生活规律，参考一下。

早餐

最佳时间 7:00-7:30。这时胃肠道已完全苏醒，消化系统开始运转，能高效地消化、吸收食物营养。

午餐

最佳时间 12:00-12:30。中午 12:00 后是身体能量需求最大的时候，这时需要及时补充能量。

加餐

上午加餐 10:30 左右，这时人体新陈代谢速度变快，需要补充能量；下午茶 15:30 左右，能减少晚餐的进食量。

晚餐

最佳时间 18:00-18:30。吃得太晚，食物消化不完就睡，不仅睡眠质量不佳，还会增加胃肠负担，容易诱发肥胖。

调整进餐顺序更利于哺乳妈妈瘦身

对于哺乳妈妈来说，月子里既要保证营养促进乳汁分泌，又要减肥瘦身，恢复好身材，这时适当地调整进餐顺序，不仅利于乳汁分泌和恢复，还有助于产后瘦身。

最先喝汤。餐前饮少量汤，可唤醒肠胃，润滑食道、肠胃，有利于溶解食物，补充水分。需要注意餐前不宜喝大量的汤，以免影响正餐摄入量。

先吃蔬菜，再吃肉、鱼、蛋等以蛋白质为主的食物，然后再吃主食，这样的顺序更易于控制摄入的热量。

水果最好在两餐之间食用，一般可在每天上午 9:00-10:00，下午 15:00-16:00。

别忘记控制总热量

虽然进餐方式改为一日多餐的形式，但哺乳妈妈要注意控制每天总热量的摄入。

哺乳妈妈可以用以往的进餐量做参考，比如前一天吃的食物量，第二天可以保持同样的食物量，但通过少吃多餐的方式来实现。

香油芹菜

低

滋补又瘦身：芹菜热量低，含大量膳食纤维，是产后新妈妈瘦身的理想食物，还能缓解产后便秘。

原料： 芹菜 100 克，当归 2 片，枸杞子、盐、香油各适量。

做法： ①当归加水煮 5 分钟，滤渣取汁。②芹菜择洗净，切段，焯水；枸杞子用水浸洗 10 分钟。③芹菜用盐和当归水腌片刻，放香油，撒上枸杞子即可。

芹菜
功效： 润肠通便，利尿消肿，减肥瘦身
作用： 芹菜富含各种维生素、铁和膳食纤维，有利于产后新妈妈养血补虚，同时还可减肥瘦身、利尿消肿，缓解产后便秘
食用方法： 炒食、拌食、做馅均可

22 千卡

牛蒡排骨汤

中

滋补又瘦身：牛蒡有助于筋骨发达，增强体力。和胡萝卜、排骨煲汤，不仅热量低，还利于新妈妈滋补。

原料： 排骨 200 克，牛蒡、胡萝卜各 50 克，盐、葱花各适量。

做法： ①排骨洗净斩段备用，牛蒡清理干净切段，胡萝卜洗净切块，②把所有食材一起放入锅中，加清水大火煮开后，转小火再炖 1 小时，出锅时加盐调味，撒上葱花即可。

牛蒡
功效： 助眠，防治“三高”，提高免疫力
作用： 牛蒡中含有过氧化物酶，能增强免疫机制的活力，不仅能提高免疫力，还能抗衰防老
食用方法： 炒食、拌食、煲汤均可，煲汤效果更佳

72 千卡

银耳莲子汤

中

滋补又瘦身：此汤能帮助新妈妈排毒，改善产后睡眠不良，拥有好气色，适合新妈妈产后滋补。

原料： 银耳 20 克，桂圆肉、莲子各 50 克，红枣 5 颗，冰糖适量。

做法： ①银耳浸泡 2 小时，择老根撕小朵。②莲子去心洗净，备用。③将银耳、桂圆肉、莲子、红枣同放锅内，加适量水，小火煮至浓稠。④出锅时加冰糖即可。

银耳
功效： 补脾开胃，安眠舒缓，美容养颜
作用： 银耳是很好的滋补食材，对产后体虚、气短乏力的新妈妈有很好的补益作用。此外，银耳富含膳食纤维，还可促进肠胃蠕动，减少脂肪吸收
食用方法： 炖食、煲汤

200 千卡

牛奶馒头

高

滋补又瘦身：即使是减肥瘦身，也要吃些主食。这道牛奶馒头利于补钙，适合不爱喝牛奶的新妈妈。

原料：面粉 200 克，牛奶 250 克，白糖、发酵粉各适量。

做法：①面粉加牛奶、白糖、发酵粉拌成絮状，再揉成面团，发酵。②将面团揉至光滑，搓成圆柱，等分成块，放蒸笼里，盖上盖儿，再饧发 20 分钟，开火蒸 20 分钟即可。

牛奶
功效：补钙、补充蛋白质，助眠
作用：牛奶是最佳的补钙饮品，利于人体吸收。晚上喝 1 杯牛奶还有助于睡眠，产后休息不好的新妈妈可以试着用这种方法来缓解睡眠不佳
食用方法：直接饮用、做成面食、熬粥均可

54 千卡

丝瓜蛋汤

低

滋补又瘦身：此汤中含蛋白质、钙、锌、维生素 C 等多种营养素，而且热量低，有很好的催乳、瘦身功效。

原料：鸡蛋 1 个，丝瓜 50 克，盐、香菜叶各适量。

做法：①将鸡蛋搅打均匀后备用。②丝瓜洗净，去皮，切成滚刀状。③锅中放水，放入丝瓜，水开后倒入鸡蛋，起锅时放入盐、香菜叶调味即可。

丝瓜
功效：通乳，美容
作用：丝瓜很适合产后乳汁不通的新妈妈食用，有通乳、催乳的功效。此外，丝瓜中的B族维生素、维生素C含量高，有利于产后新妈妈美容祛斑
食用方法：炒食、拌食、煲汤均可，煲汤通乳、催乳效果更佳

21 千卡

羊肝炒荠菜

中

滋补又瘦身：荠菜和羊肝的搭配，有很好的补血功效，适合产后患缺铁性贫血的新妈妈。

原料：羊肝 100 克，荠菜 50 克，火腿片 10 克，姜片、盐、水淀粉各适量。

做法：①羊肝洗净，切片；荠菜洗净，切段。②开水汆羊肝片，捞出冲洗干净。③油锅烧热，放姜片、荠菜段，炒至断生，加火腿片、羊肝片、盐炒入味，用水淀粉勾芡即可。

荠菜
功效：利水消肿，缓解便秘，提高免疫力
作用：荠菜中的膳食纤维对缓解新妈妈产后便秘很有好处，还能增进新陈代谢，从而有助于减肥
食用方法：炒食、拌食、做馅均可，吃之前最好用开水焯一下再食用

31 千卡

红豆饭

高

滋补又瘦身：将红豆和大米一起焖饭，可以增加新妈妈食欲，红豆还可以利尿消肿，有减肥瘦身的功效。

原料：红豆 30 克，大米 40 克，熟黑芝麻、熟白芝麻各适量。

做法：①红豆浸泡一夜。②锅中放适量水，再放入红豆煮至八成熟。③把煮好的红豆和汤一起倒入淘洗干净的大米中，蒸熟，撒上熟黑芝麻、熟白芝麻即可。

红豆
功效：利水消肿
作用：红豆是高蛋白、高膳食纤维、低脂肪的食物，有利水消肿的功效，利于减肥
食用方法：熬粥、蒸饭、煲汤均可

西蓝花蛋汤

低

滋补又瘦身：这道汤高蛋白、低热量，不仅能补益气血、利于消化吸收，还不用担心因热量高而长胖。

原料：西蓝花100克，熟鹌鹑蛋3个，香菇 2 朵，西红柿1/2 个，盐适量。

做法：①西蓝花洗净切小朵，用沸水焯烫。②香菇洗净，切十字刀；西红柿洗净，切块。③香菇、鹌鹑蛋、西蓝花放锅中，加水煮沸，加盐调味，放西红柿块略煮片刻即可。

西蓝花
功效：增强免疫力，降“三高”，减肥瘦身
作用：西蓝花能增强免疫力、防治“三高”、减肥瘦身，利于身体健康
食用方法：炒食、拌食、煲汤均可，清洗时可放少许盐浸泡片刻再冲洗

抓炒腰花

高

滋补又瘦身：此菜能够改善产后新妈妈腰酸背痛。但猪腰脂肪高、热量高，新妈妈要适量食用。

原料：猪腰 100 克，青椒片 50 克，醋、盐、姜末、香油、水淀粉各适量。

做法：①猪腰去腰心，切抹刀片，用水淀粉上浆。②用醋、盐、姜末、水淀粉调成碗汁。③油锅烧热，下腰片，小火炒 2 分钟。④倒入碗汁、青椒片，颠炒，淋入香油即可。

猪腰
功效：补肾强腰，益气滋补
作用：猪腰有很好的补肾强腰功效，特别适合产后腰酸背痛、肾虚的新妈妈食用，但是不适合血脂高、胆固醇高的新妈妈食用
食用方法：炒食、炖食、熬粥均可

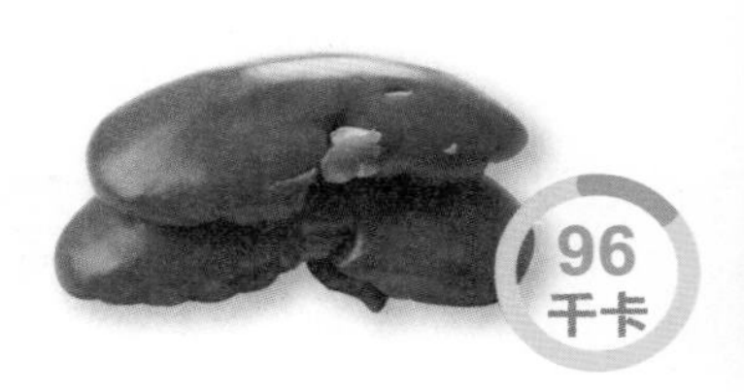

火龙果酸奶汁 低

滋补又瘦身：酸奶汁既能补钙，又能预防和缓解新妈妈便秘。

原料：火龙果、柠檬各 1 个，酸奶 120 毫升。

做法：①火龙果去皮切块。②柠檬去皮后榨成汁。③将柠檬汁倒入搅拌器中，再加入火龙果、酸奶搅拌即可。

酸奶
功效：补钙，美容
作用：酸奶中所含的乳酸和钙结合，更有助于钙的吸收，而且酸奶含有的微量元素衍生物有助于体内有毒物质的转换和排泄，能帮助新妈妈排毒美容
食用方法：开盖即食、做沙拉

72 千卡

韭菜炒绿豆芽 低

滋补又瘦身：韭菜有一定的回乳作用，与绿豆芽同炒，可促进食欲，帮助消化。

原料：绿豆芽 50 克，韭菜 100 克，盐、葱丝、姜丝各适量。

做法：①绿豆芽洗净，沥干；韭菜洗净，切段。②油锅烧热放葱丝、姜丝炝锅，随即倒入绿豆芽，翻炒几下，再倒入韭菜段略炒，放入盐即可。

韭菜
功效：提高食欲，抑制乳汁分泌
作用：韭菜含有的芳香性物质能够提高食欲，同时，韭菜的辛辣味道对身体有一定的刺激作用，会导致回乳
食用方法：炒食、煮粥、做馅料

29 千卡

红枣人参汤 中

滋补又瘦身：人参能大补元气，红枣有补脾胃、生津液的功效。

原料：红枣 6 颗，人参 3 克。

做法：①红枣去核洗净；人参洗净，切成薄片。②锅置火上，加适量清水，用大火煮沸，放入红枣、人参片，盖上锅盖煮 2 个小时即可。

红枣
功效：补虚益气，补血
作用：红枣富含铁和钙，产后贫血的妈妈可常吃，此外，红枣还对产后身体虚弱的新妈妈有滋补作用
食用方法：生食、熬粥、煲汤均可

276 千卡

产后恢复：养成良好的生活方式

产后，宝宝一有动静，新妈妈就担心不已，吃不下也睡不好，其实新妈妈不用这样。新妈妈可以根据宝宝的时间来调整自己的时间，养成良好的生活方式，如保证睡眠、饮食均衡、保持好心情等，不要小看这些好的习惯，这样做非常利于新妈妈产后恢复。

适当做些简单的家务

本周，大部分顺产妈妈的身体已经恢复，剖宫产妈妈也已基本恢复正常，可以适当做些简单的家务。如做饭、用洗衣机洗衣服、给宝宝洗澡等。这些简单的家务能让新妈妈的产后生活丰富起来，不觉乏味，还能起到锻炼的效果。

不过，新妈妈不能因为身体已有一定恢复就开始进行繁重的劳动。新妈妈应避免长时间站着或集中料理家务，因为此时身体还是相对虚弱的。虽然此时新妈妈的身体已经基本恢复，但还是要以休息为主，所以在做家务时要以不疲劳为限。

良好的生活习惯为瘦身保驾护航

月子里的新妈妈可能会觉得很累，因为要白天黑夜地照顾宝宝，作息规律可能会被彻底打乱，这也是导致产后变胖的原因之一。

有研究显示，作息时间不规律、整天待在家中会大大延缓产后体重减轻的速度，想要瘦身的新妈妈要改变这种情况。

宝宝睡，妈妈也睡。此时宝宝夜间还需要吃奶，新妈妈需要不断地醒来喂奶，容易影响睡觉质量。不妨采取宝宝睡、妈妈也睡的方式，最大程度地保证休息，有助于保持身体较好的新陈代谢。

经常出去散步。天气好的时候，可以出去散散步，还可以带着宝宝一起。需要注意的是，散步时间不宜过长，以免疲劳。

此外，新妈妈还宜经常与朋友聊聊天，保持良好的心情。良好的心情是保证积极生活的基础。一个乐观而积极生活的新妈妈，是很容易塑造好身材的。

天气好时带宝宝去户外散步

我国传统的习俗认为，新生宝宝不宜外出，但事实上这样对宝宝健康不利。科学的做法是，满月后，天气好的时候，新妈妈可以带着宝宝出去散散步，这有利于宝宝呼吸新鲜空气，接受外界刺激，变得更健康、聪明。不过，在带宝宝外出时，宜注意以下几点：

在庭院或离家不远的地方散散步就好。

散步时间不宜过长，每次5~15分钟即可。

尽量避免过多接触人，避免感染传染病。

弯腰时不可用力过猛

新妈妈在拿取物品时，注意动作不要过猛。取或拿东西时要靠近物体，避免姿势不当拉伤腰肌。避免提过重或举过高的物体。腰部不适时抱起宝宝或举其他东西时，尽量利用手臂和腿的力量，腰部少用力。新妈妈弯腰捡物品时，可一脚在前，一脚在后，两腿向下蹲，前脚全着地，小腿基本垂直于地面，后脚脚跟提起，脚尖着地。当物品拾起后，两腿微微分开保持重心稳定，用后腿支撑身体，就可减少腰部用力。

注意纠正不良姿势

新妈妈因为生理上的改变而易产生不良的姿势，如身体重心前移、颈椎前凸、肩胛骨前拉、骨盆前倾、重心移至脚跟等，而产后又因抱宝宝使重心前移加重，所以易引发产后颈肩、后背、骨盆及脚跟痛。这些症状除了药物及物理治疗外，根本解决之道是在日常生活中要注意矫正这些不良姿势，并在日常生活中尽量避免过度弯腰，以减少产后腰酸背痛的发生。

充足的睡眠，加速身材恢复

对于产后瘦身来说，除了瘦身运动之外，睡眠的好坏也起着很重要的作用。因为睡眠的质量直接影响激素的分泌量，长时间、优质的睡眠可以让激素的分泌增加，这样就可以促进身体的新陈代谢，让脂肪快速地被分解和消耗。所以说，充足睡眠对于产后瘦身和养成易瘦体质有一定的好处。因此，新妈妈要保证充足的睡眠，这样既有充沛的精力照顾宝宝，又可以加速身体恢复。

月子要坐满

过了本周，很多新妈妈都以为自己已经出月子了，其实不然。新妈妈自宝宝出生，胎盘娩出到全身器官（除乳腺）恢复至正常状态，需要6周时间，这42天称为产褥期，也是我们通常所说的坐月子。在这段时间里，新妈妈的主要任务是休息，给身体康复的时间，以及哺喂宝宝，不要进行重体力劳动，或者提拿重物等，否则会影响子宫的恢复。当然，在这段时间里，新妈妈也不能天天躺在床上，也要适当进行活动、锻炼，如在室内遛达几圈，做做舒缓的拉伸运动和简单的家务活等，都有助于身体恢复。

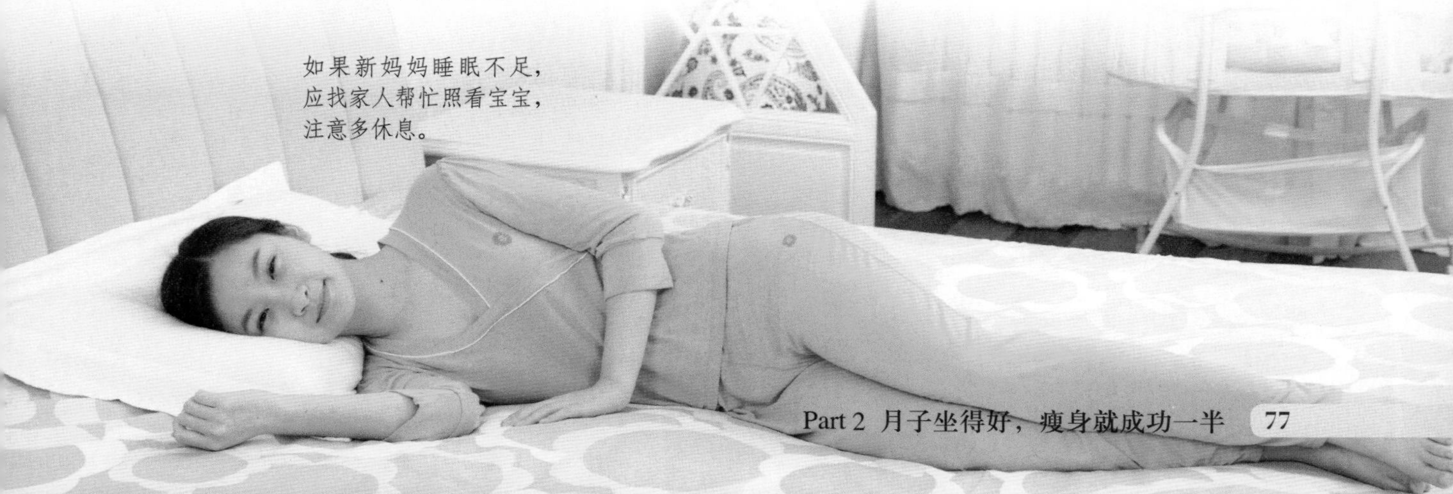
如果新妈妈睡眠不足，应找家人帮忙照看宝宝，注意多休息。

运动：瘦身运动好时候

产后第 4 周，新妈妈能自己处理很多家务了，给宝宝换尿布、洗澡等都很轻松。这时候身体内脏器官和体力都恢复得差不多了，此时，正是顺应身体的状况，进行产后运动和瘦身的好时候。

可适当增加运动量

经过了将近一个月的身体恢复，大部分新妈妈的身体已基本复原，在医生允许的情况下可以适当增加运动量，但同样以不感到疲劳为前提。如果新妈妈贸然增加运动量，不仅会前功尽弃，还会对身体造成伤害。新妈妈尤其要注意，一定要避免高强度运动，毕竟身体还没有完全恢复。

腰部运动还你小蛮腰

很多新妈妈出月子后会落下腰痛的毛病，这都是月子期间不注意对腰部的保护造成的。其实，除了注意腰部保暖、不提重物之外，新妈妈可以在每天起床后做两三分钟的腰部运动，也可以多散步，能防止和减轻腰痛。

如果月子期就感到腰部不适，可用按摩、洗热水澡的方式促进血液循环，改善腰部不适感。也可以在医生的指导下做加强腰肌和腹肌的运动，增强腰椎的稳定性。新妈妈也可以尝试一下侧抬腿运动，有助于缓解腰部不适，锻炼腰肌，帮助新妈妈塑造小蛮腰。

侧抬腿

1 身体向左侧躺，双腿收紧并拢在一起。左手支撑头部，右手置于腰前。

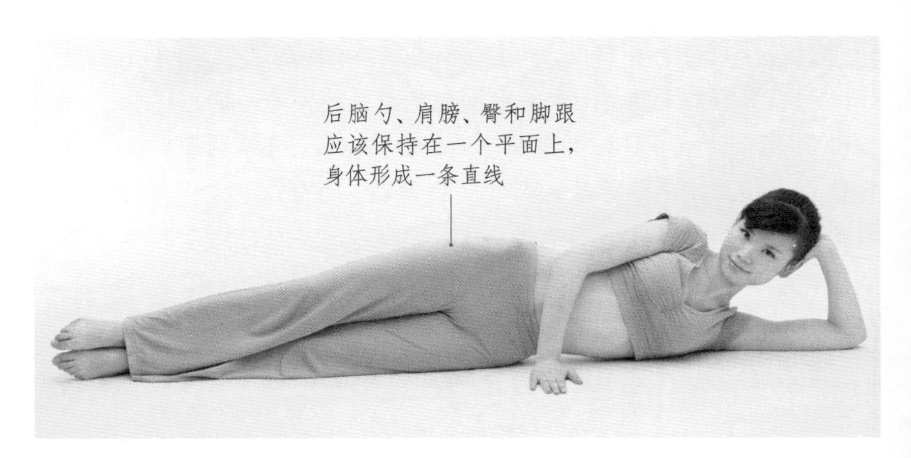

2 呼气时双腿抬起与地面成 30°，吸气时复原。重复 20 次，换另一侧，做 20 次。

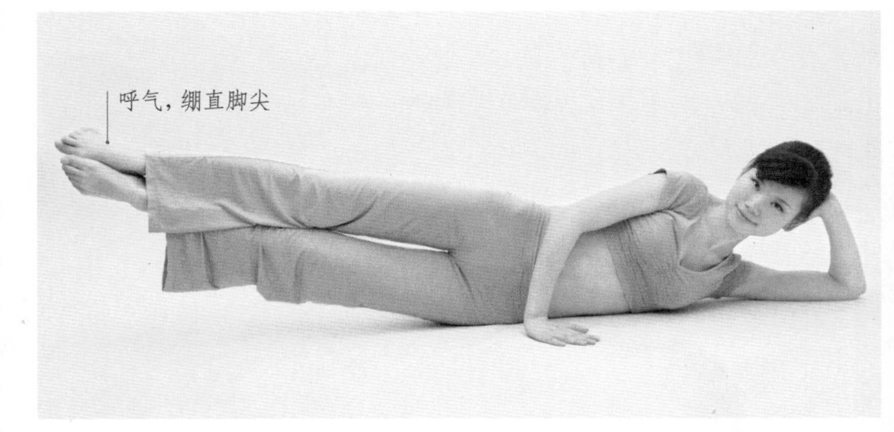

双臂运动防肩痛

新妈妈总是抱宝宝，所以双臂和肩部常常觉得酸痛。此时可以做做双臂运动，可促进血液流通，解除肩膀疲劳，缓解胳膊肿痛。

具体方法如下：自然站立，放松肩膀，左手托住右臂肘关节（不要太用力），右臂尽量向左侧伸展，保持姿势10秒，然后放松；换右手拉住左臂肘关节，向右侧伸展，保持10秒后放松。每天可以做4次。

靠墙站站就能瘦

产后新妈妈想要塑造好身形，只要注意一些细微小动作就可以了。瘦身根本没有想象的那么难，不用多费心，每天靠墙站站也能瘦。不信，新妈妈就试试吧。每天晚饭后30分钟，靠墙站立，把整个背部紧贴在墙壁上，臀部、背部、腿、头等都尽量贴紧墙面，每次15分钟，每天做一次，一周后就开始见到效果，不仅瘦腰，腿也会变得又细又直。这是因为人在靠墙站立时，大腿内侧、小腿肚、腹部等部分的肌肉紧张，可促进脂肪的消耗，所以瘦下来了。

这种方法很适合新妈妈，不用花太大力气，时间也不长，每天短短的15分钟就够了。不过要是在实施过程中，新妈妈有不适的感觉，千万不要勉强，及时停止。

剖宫产妈妈适当动动，提高新陈代谢

产后4周后，随着身体的康复，剖宫产妈妈可以做一些幅度稍大的拉伸运动，如回首寻尾以促进血液循环，改善新陈代谢，为日后塑造完美身体线条打下基础。这不仅有助于新妈妈腹部的恢复，对新妈妈产后整体恢复也有益。

回首寻尾

1 双腿屈膝跪在垫子上（建议再垫上毛毯），双臂垂直于地面，保持背部伸展。

2 抬起小腿，双腿并拢，脚尖绷直，呼气时头部转向左侧。

3 吸气时回到中间，呼气时再转向右侧。重复5次。

颈部锻炼，塑造完美颈部曲线

颈部是新妈妈容易忽略的部位，而且很容易跟着背部变壮而变胖。颈部其实很难长脂肪，但一旦长了脂肪也很难减下去，新妈妈及早关注颈部，不仅能减少颈部脂肪堆积，让脖颈变得瘦挺，还能预防颈部疼痛和颈椎病。

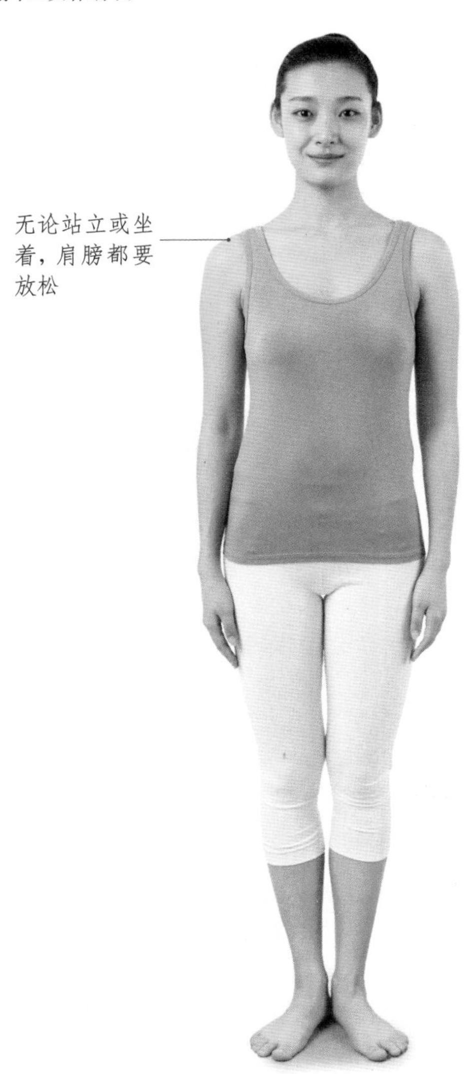

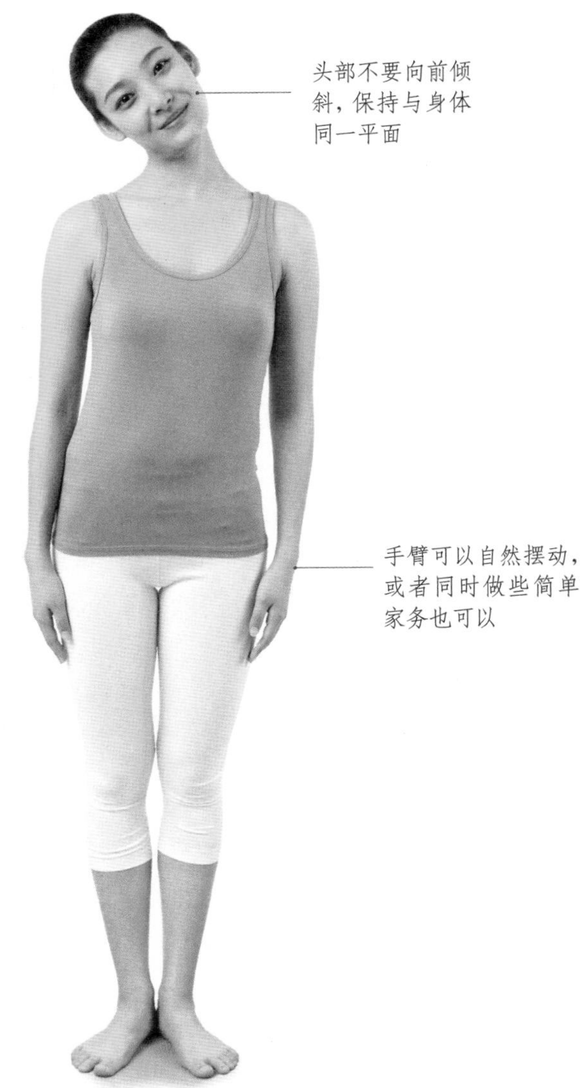

1 站立或坐下都可以，或者坐在一张直背椅子上，两肩平直不动，保持这个姿势。伴随着吸气，先把头部转向右边，呼气时再缓缓转向左边，再次吸气时，头回到正中。

2 两眼直视前方，呼气时，将头部向右方倾斜，右耳尽量向肩部靠拢。吸气时，头回到正中。然后呼气时，头向左方倾斜。

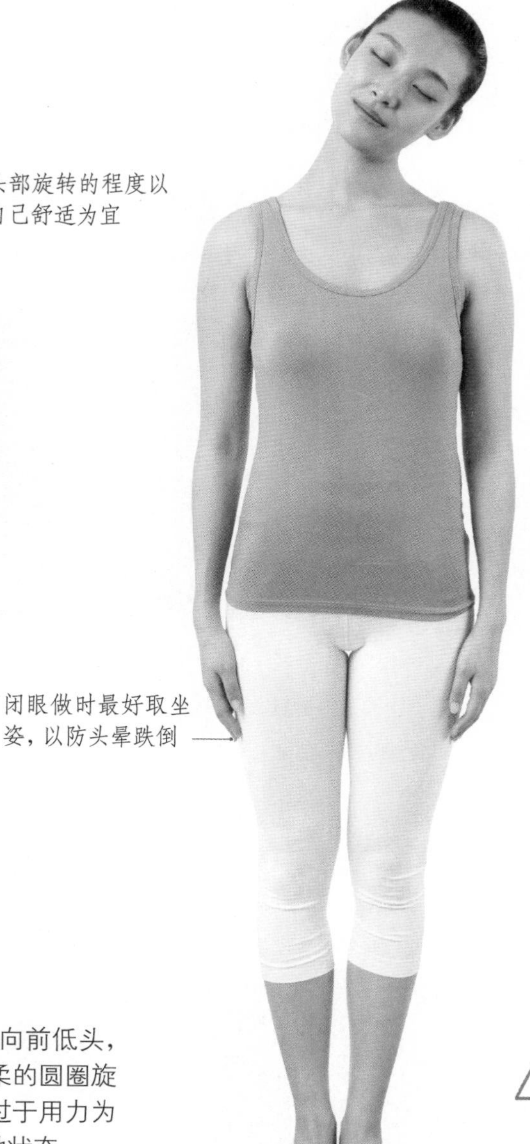

3 轻柔地把头向后仰或向前低头，然后头部做缓慢、轻柔的圆圈旋转运动，以不使颈部过于用力为度，肩膀尽量保持松弛状态。

4 如果闭着眼睛做，还可以缓解眼部疲劳，滋养眼部神经。闭着眼睛做时，一定要做得缓慢一些，以免引起头晕。

锻炼部位

- 颈部
- 肩部

运动注意事项

颈项部做旋转运动时，不要让颈部肌肉过于用力而劳累。感觉头晕目眩时，一定要减慢速度，或者休息一下再继续进行。饥饿状态下最好不要做此套动作，否则更容易引起眩晕。低血压、低血糖的新妈妈谨慎做此套动作。

这样做效果更好：如果这个练习做得恰当，颈项会发出咯咯的响声。这是由于颈部的紧张得到舒解，以及神经、肌肉和韧带的按摩而产生的。这有助于预防和消除紧张及头痛，放松颈部及肩部神经。

瑜伽球体操，矫正骨盆

产后骨盆和脊椎是最重要的两个部位，但也是不好锻炼的部位，只有活动好这两个部位，才能让新妈妈恢复好，并且轻松瘦身。仰卧夹球正好可以锻炼这两个部位，使骨盆收缩，帮助子宫和骨盆复原，紧臀、提臀。

1 仰卧于垫子上，将双手置于身体两侧，手掌向下。将瑜伽球放置在小腿下方，吸气，做好准备。

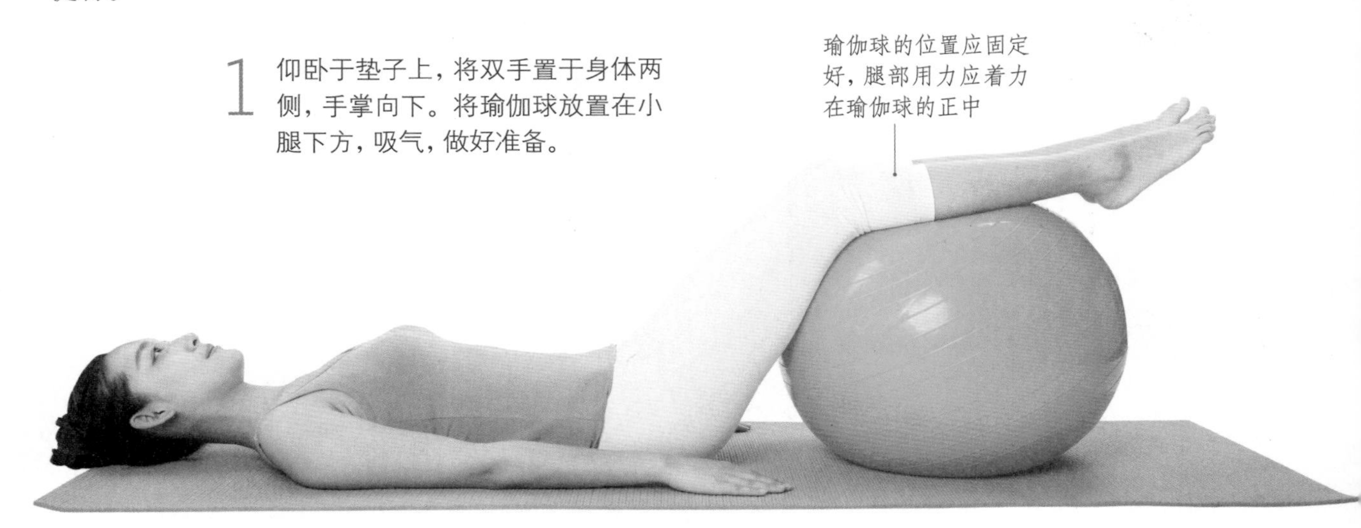

2 呼气，缓慢将臀部向上抬起，双腿有力地向下压球，吸气，保持 5 秒。呼气时，将臀部缓慢放下，放松。

3 双手放在脑后，用双腿膝盖夹紧瑜伽球，同时收缩肛门，反复进行 10 次。然后将上半身抬起，保持 5 秒。

锻炼部位

- 子宫
- 骨盆
- 臀部

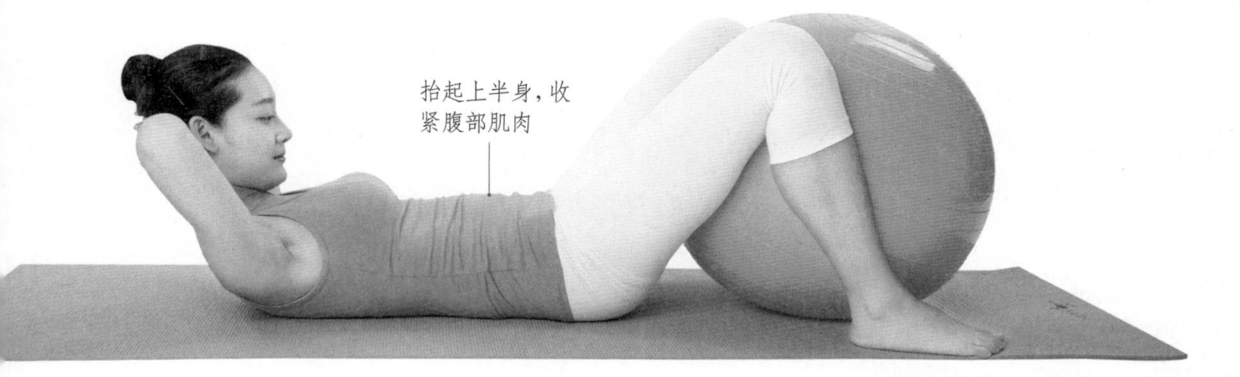

运动注意事项

做此运动时最好穿紧身的运动服装，因为在运动过程中宽松的衣服可能被瑜伽球压住。此外，在运动前一定要做好充分的准备活动。

这样做效果更好：此动作舒缓，新妈妈月子里也可以做，但不要在软床上做，最好在地板上做。在运动的过程中，要注意正常的呼吸，要获得好的练习效果，呼吸很重要。准备好后吸气，抬起时呼气，压球时吸气，臀部放下时呼气。

第 5~6 周的瘦身计划

身体恢复

产后第 5~6 周，新妈妈会感觉身体恢复到以前的状态了，身体的器官几乎完全恢复，但是你不要着急回到孕前的生活模式，要循序渐进。

饮食重点

虽然可以开始减肥了，但是不要盲目节食，要遵循高营养、低脂肪的饮食模式。

适宜运动

新妈妈可以开始加强锻炼了，但是要避免高强度的运动。新妈妈可以多出门散散步，做一些体操和瑜伽。

饮食：增强体质，补充体力

这两周新妈妈的身体开始慢慢恢复到孕前的状态，因此，这个阶段的饮食，新妈妈要以增强体质、补充体力为主。一是新妈妈的身体刚刚恢复还很虚弱，需要强健腰肾，避免日后腰背疼痛；二是要补充体力来照顾宝宝，并使身材恢复到好的状态。

加强 B 族维生素摄入，助力新陈代谢

产后第 5~6 周的饮食宜重质量，在继续保持均衡营养的基础上，适当加强维生素的供应。因为这两周，新妈妈的身体渐渐恢复至怀孕前，紧密的肌肉需要丰富的维生素，尤其是 B 族维生素的参与。另外，从产后第 6 周起，新妈妈体内代谢改变，是瘦身好时机，丰富的 B 族维生素有助于为新陈代谢提供助力。

五谷类和鱼、肉、蛋、奶类含有较丰富的 B 族维生素，可以帮助身体的能量代谢，也具有帮助神经系统活跃和加速血液循环的功效，对于产后器官功能恢复很有帮助，而且也有助于保证分泌充足的乳汁，新妈妈应有意识地增加这些食物在饮食中的比例。

新妈妈的饮食，最好每天都保证摄入肉、蛋、奶，鱼类可以保持每周 1~3 次的频率，如果每天都能吃小半碗五谷杂粮饭，将更有利于新妈妈身体健康。

产后尽量不吃巧克力

巧克力会使新妈妈身体发胖，影响新妈妈的身体健康。此外，新妈妈如果过多地吃巧克力，会对宝宝产生不良的影响。巧克力中的可可碱，会通过母乳在宝宝体内蓄积，容易损伤宝宝的神经系统和心脏，导致宝宝消化不良、哭闹不停、睡眠不好。所以新妈妈最好不要吃巧克力。

重质不重量，严控脂肪摄入

新妈妈要保证分泌足够的乳汁，需要摄入一定的脂肪，但从此刻起，新妈妈要控制饮食中的脂肪含量了。从怀孕开始，新妈妈为了准备分娩及哺乳，储存了不少脂肪，再经过产后6周的滋补，身体里已经储备了足够的脂肪了。如果此时还继续吃过多含油脂的食物，不仅会增加新妈妈瘦身的难度，也会令乳汁变得浓稠，乳腺也更容易堵塞，给哺乳造成影响。

新妈妈可以在饮食中保证蛋白质的摄入，多吃鱼肉、鸡肉、鸭肉、鸡蛋等富含蛋白质但脂肪含量较少的食物，保证母乳分泌。在吃牛羊等畜肉时，最好选瘦肉，而且应严格控制摄入量。此外，烹制食物时少放些盐、油等，也有助于控制体内脂肪合成。

不宜吃零食

新妈妈怀孕前如果有吃零食的习惯，在哺乳期内要谢绝零食的摄入。大部分的零食都含有较多的盐和糖，有些还是经过高温油炸的，并加有大量的食用色素，对于这些零食，新妈妈要退避三舍，避免食用后对宝宝的健康产生不必要的危害。

瓜子热量较高，多数含盐分高，不适合新妈妈食用。

吃些抗抑郁的食物

有不少新妈妈产后会因为适应不了身份的转变，再加上休息不好，容易患上产后抑郁。尤其是非哺乳妈妈，由于不能亲自喂养宝宝而心生愧疚，加之产后体内雌性激素发生变化，容易产生抑郁心理，情绪容易产生波动，会不安、低落，或者常常为一点儿小事不称心而感到委屈，甚至伤心落泪。此时，多吃些抗抑郁的食物，如鱼肉和其他海产品、香蕉、樱桃、全麦制品等。这些食物都有抗抑郁作用，能够减少产后抑郁的发生。

蒸个香蕉，肠道更顺畅

产后便秘非常常见，如果不能得到及时缓解，不仅会给哺乳妈妈排便带来痛苦，也会影响身体的恢复。

如果哺乳妈妈有便秘和痔疮，在产后要注意汤水补给，可多吃一些粥、面条等汤水多的食物，补充肠道内的水分，也可多吃些通便的蔬菜和水果等，其中香蕉是个不错的选择。

哺乳妈妈易出汗、口干，呈现燥热症状，香蕉含有丰富的碳水化合物，有清热润肠、促进肠胃蠕动的作用，很适合哺乳妈妈食用。不过，香蕉直接吃润肠作用不明显，哺乳妈妈可以把香蕉和蜂蜜或冰糖一起蒸一蒸，早起空腹食用，通便效果更好。香蕉本身就很软，所以蒸的时间不宜太久，10分钟左右即可，连续食用2天，就可以看到效果。

竹荪红枣茶 低

滋补又瘦身：此茶在滋补的同时还能瘦身，对产后睡眠不好的新妈妈也有帮助。

原料：竹荪 50 克，红枣 6 颗，莲子 10 克，冰糖适量。

做法：①竹荪泡发后，剪去两头，洗净，捞出备用。②莲子洗净去心；红枣洗净去核。③将竹荪、莲子、红枣放锅中，加清水煮沸后，转小火煮 20 分钟。④加冰糖即可。

竹荪
功效：减肥瘦身，补肾、明目、清热润肺
作用：竹荪药用价值很高，具有补肾、明目、清热、润肺等功能，被视为有补益作用的“山珍”。同时它还具有明显的减肥、降血压、降胆固醇等功效
食用方法：煲汤是竹荪的最佳食用方法

西芹百合 低

滋补又瘦身：这道菜虽然制作简单，但可提高食欲，改善新妈妈产后便秘，促进睡眠，还能减肥瘦身。

原料：西芹 100 克，鲜百合 50 克，水淀粉、盐、香油各适量。

做法：①西芹择去筋，洗净，切段；鲜百合去蒂洗净，掰成片。②油锅烧热，下西芹段炒至五成熟。③加百合、盐、炒熟，最后用水淀粉勾薄芡，淋入香油即可。

百合
功效：养阴润肺，清心安神
作用：百合富含蛋白质，有很好的滋补之功，能够养阴润肺、祛痰止咳，对体弱的人非常有益。同时，百合还有安神的作用，适合产后失眠的新妈妈
食用方法：炒食、拌食、煲汤均可

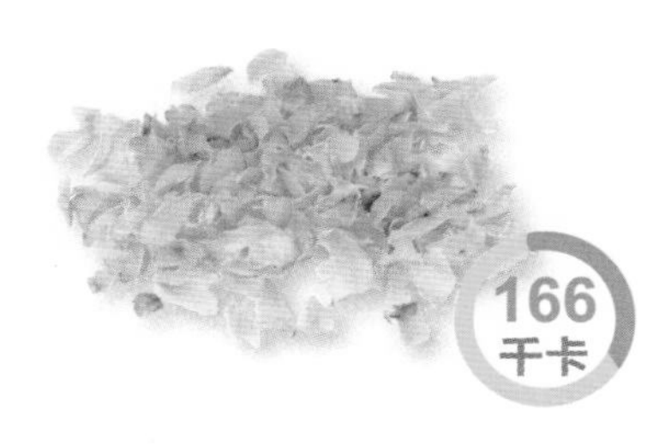

白萝卜炖牛筋 高

滋补又瘦身：这道菜有助于减轻产后新妈妈腰酸腿痛，使哺乳妈妈乳房更挺拔。

原料：牛筋块、白萝卜块各100克，葱段、香菜、红椒丝、黄椒丝、盐各适量。

做法：①油锅烧热，放葱段、牛筋块翻炒。②倒入砂锅中，加清水、白萝卜块，煮开后转小火煮。③食材软烂后加盐、香菜、红椒丝、黄椒丝即可。

白萝卜
功效：助消化、增食欲，止咳化痰，清肠排毒，嫩肤抗衰
作用：白萝卜中所含的膳食纤维和芥子油能缓解消化不良，促进食欲，加快肠胃蠕动，排毒清肠和止咳化痰；它含有的维生素 C 还能嫩肤抗衰
食用方法：炒食、炖食、煲汤均可

黄花菜炒莲藕 低

滋补又瘦身：这道菜对新妈妈产后便秘、失眠、瘦身、乳汁不下等症状有很好的疗效。

原料：莲藕片 100 克，干黄花菜 10 克，葱花、水淀粉、盐、高汤各适量。

做法：①干黄花菜温水泡发，切段；将莲藕片和黄花菜段分别用开水焯一下。②油锅烧热，放黄花菜段、莲藕片翻炒，加高汤、盐炒熟，水淀粉勾芡后撒上葱花即可。

莲藕
功效：清热凉血，通便止泻，止血散瘀
作用：莲藕可以止血散瘀，对于产后恶露不净及各种出血症状都可以缓解，但是要在产后 2 周后食用效果更佳
食用方法：炒食、拌食、生食、做馅、煲汤均可，一般不建议生食

丝瓜虾仁糙米粥 低

滋补又瘦身：此粥消肿又滋补，很适合产后水肿的哺乳妈妈，能催乳又不用担心食入过多会长胖。

原料：丝瓜 100 克、虾仁 5 只、糙米 50 克，盐适量。

做法：①糙米洗净浸泡 1 小时；虾仁洗净切丁；丝瓜去皮洗净切丁。②将糙米、虾仁放锅中，加水，中火煮至浓稠。③放丝瓜，煮至丝瓜熟透，最后加入盐调味即可。

糙米
功效：减肥，降血脂，提高免疫力
作用：糙米富含碳水化合物和膳食纤维，对想减肥的新妈妈来说特别有益；糙米还有很好的饱腹感，利于减肥
食用方法：蒸食、熬粥

莼菜鲤鱼汤 低

滋补又瘦身：鲤鱼脂肪含量低，且营养丰富。莼菜富含锌，是最佳的益智食物之一，适合哺乳妈妈食用。

原料：鲤鱼 1 条，莼菜 100 克，盐、料酒、香油各适量。

做法：①莼菜洗净；鲤鱼处理干净后洗净。②将鲤鱼、莼菜放入锅内，加水煮沸，去沫，加料酒，转小火煮 20 分钟。③出锅前加盐调味，淋入香油即可。

鲤鱼
功效：利水消肿，通乳，补脾健胃
作用：鲤鱼脂肪含量低，通乳效果好，是想减肥的哺乳妈妈的理想食物。同时，鲤鱼对于产后水肿也有很好的消肿作用
食用方法：红烧、炖食、煲汤均可

莲子煲鸭汤 低

滋补又瘦身：此汤能滋阴养生，其中鸭肉的脂肪含量很低，有利于新妈妈瘦身。

原料：鸭肉 150 克，莲子 10 克，薏米 20 克，姜片、红椒丝、黄椒丝、香菜叶、白糖、盐各适量。

做法：①鸭肉切块，开水汆后捞出。②锅中放鸭肉块、姜片、莲子、薏米、白糖、盐，倒入开水，大火煲熟，放红椒丝、黄椒丝、香菜叶即可。

鸭肉
功效：滋阴补虚，清热健脾，养胃生津
作用：鸭肉蛋白质含量丰富，有很好的补虚作用，而且鸭肉脂肪含量较其他肉要低，因此，鸭肉很适合产后身体虚弱的新妈妈食用，滋补不长胖
食用方法：炖食、烧食、煲汤均可

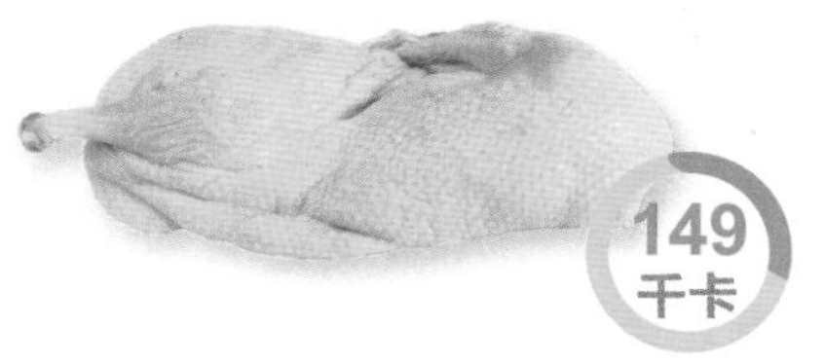

海参当归汤 中

滋补又瘦身：此汤热量低，是产后身体虚弱、肾虚水肿新妈妈的补气佳品，同样适合瘦身的新妈妈补益。

原料：海参 50 克，干黄花菜 10 克，当归 5 克，鲜百合、姜丝、盐各适量。

做法：①海参处理干净，放入锅中稍煮；干黄花菜、当归泡好；鲜百合掰瓣。②油锅烧热，爆香姜丝，放黄花菜、当归、百合、海参，加水煮熟后，加盐即可。

海参
功效：补气、补肾，提高记忆力
作用：海参是世界八大珍品之一，具有补气、补肾、益精髓，提高记忆力、延缓衰老、防治动脉硬化等作用，是很好的补益食物
食用方法：炒食、红烧、煲汤均可，干鲜海参均可

玉竹百合苹果羹 中

滋补又瘦身：这是一道很适合新妈妈的养颜瘦身汤水，可以在上午或下午加餐时喝一碗，美容又瘦身。

原料：玉竹、鲜百合各 20 克，红枣 3 颗，陈皮 6 克，苹果 1/2 个。

做法：①玉竹、陈皮分别用水浸泡，陈皮切丁；鲜百合洗净掰瓣；苹果去皮去核，切丁；红枣洗净。②锅中加适量水，下玉竹、百合、红枣、陈皮丁、苹果丁煮开后稍煮即可。

玉竹
功效：滋阴润燥，清热生津，养颜瘦身
作用：玉竹是养阴生津的良药，玉竹中所含的胡萝卜素可改善干裂、粗糙的皮肤状况，使皮肤更润滑
食用方法：煲汤

奶香麦片粥

低

滋补又瘦身：此粥富含膳食纤维，能促进肠道消化，更好地帮身体吸收营养物质，还能帮助新妈妈代谢糖、脂肪，减少能量过多摄入。

原料： 大米 30 克，牛奶 250 毫升，麦片、高汤、白糖各适量。

做法： ①大米洗净，浸泡 30 分钟。②锅中加高汤，放大米，小火煮至粥稠。③加入牛奶，煮沸后加麦片、白糖，拌匀即可。

麦片
功效： 防治糖尿病，美体瘦身
作用： 麦片含有大量的膳食纤维，可以有效代谢体内的糖和脂肪，有助于增加饱腹感，特别适合减肥瘦身的新妈妈食用
食用方法： 熬粥

368 千卡

海鲜面

中

滋补又瘦身：此面热量低，且富含钙、磷、铁等营养物质，健脑不长胖。

原料： 熟面条 50 克，虾仁 5 只，扇贝肉、海螺肉各 20 克，香菇片、葱花、香油、盐各适量。

做法： ①海螺肉洗净切花刀；扇贝肉、虾仁分别洗净。②锅中放香油烧热，放扇贝肉、海螺肉、虾仁、香菇片翻炒，加水煮熟，加盐。③盛入熟面条碗中，撒上葱花即可。

扇贝
功效： 健脑、明目，健脾和胃，助消化
作用： 扇贝中含有钙、钾、磷等各种矿物质，能维持大脑功能，还有补钙、明目的作用，新妈妈可以适当吃一些
食用方法： 炒食、蒸食、煲汤均可，但蒸食可以更好地保留其营养

60 千卡

黑豆饭

中

滋补又瘦身：此饭补肾益阴、活血利水、消肿下气，适合产后虚弱的新妈妈食用。

原料： 大米、糙米各 50 克，黑豆 30 克。

做法： ① 黑豆、糙米、大米分别洗净，放在大碗里泡几个小时。② 连米带豆，带泡米水，一起倒入电饭煲焖熟即可。

黑豆
功效： 补肾益阴，消肿下气，活血利水，抗病强体
作用： 黑豆是很好的补肾食物，可以帮助新妈妈强健身体，并利水消肿，对于产后风气、血结也有一定的作用，新妈妈可多食用黑豆
食用方法： 熬粥、蒸饭、煲汤均可，搭配其他粗粮一起蒸饭营养更丰富

400 千卡

产后恢复：保持好心情，更利控制体重

很多人一直以为心情不好，吃不下东西，就会很容易瘦下来，其实心情不好的时候，很多毒素淤积在体内，脂肪代谢并不顺畅，热量反而容易堆积。另外，情绪压抑的时候，有人反而喜欢吃甜食，更不利于减肥。因此，保持好心情更利于控制体重。

抑郁妈妈多半会体重失控

月子中的新妈妈，经历了分娩，生活角色发生改变，加之体内激素的变化，情绪会有所波动。如果负面情绪长期郁积，就有可能造成新妈妈产后抑郁。产后抑郁不仅会给家庭生活造成影响，还会为新妈妈瘦身埋下隐患。

有研究证明，出现抑郁后，有一半的人体重会随着上升，这是因为抑郁者情绪持续低落，内分泌失衡，身体需要吸收大量热量来抵抗负面情绪，就会多吃，导致体重失控。更为重要的是，产后抑郁将直接对宝宝的性格、脾气造成影响，所以产后新妈妈宜警惕产后抑郁。

产后新妈妈要有意识地提醒自己，保持心情舒畅，避免烦躁、生气、忧愁等情绪因素的影响，如果有烦恼、担忧，可以向新爸爸或者朋友倾诉。很多问题自己面对时，觉得像座大山，但说出来才发现解决起来也很简单。

此外，新妈妈要多想想将来幸福的日子，想想怀中宝宝的乖巧、可爱和家人对自己的爱，不要将自己困在负面情绪中。负面的情绪一直排解不掉时，一定要寻求医生的帮助。

重视剖宫产妈妈的心理恢复

剖宫产妈妈除了身体上的伤口之外，还可能给原本想顺产的新妈妈带来心灵上的创伤。有些新妈妈认为没有亲身经历宝宝被娩出的过程，感到很遗憾，并且很难进入母亲的角色。这需要新妈妈及时调整，家人也应多抚慰、引导。

令人心情愉快的食物

香蕉：香蕉中丰富的色氨酸和维生素 B_6 进入人体后，会刺激大脑产生血清素，进而使人心情愉悦。

杏仁：富含维生素 E，还含 B 族维生素，有助于调节情绪。

深海鱼：富含不饱和脂肪酸，能使身体分泌更多的血清素，使人觉得快乐。

菠菜等绿叶蔬菜：绿叶蔬菜中含有丰富的叶酸，可调节情绪。

低脂牛奶：有镇静、缓和情绪作用，能令人平静。

杏仁含有抗紧张的矿物质镁，能使人心情平和。

产后心理自我测试

一些新妈妈容易在产后有一些心理和生理变化，比如空虚、失落、激动、失眠、焦虑、头痛、食欲减少、注意力变差等，一般称之为“产后抑郁症”。但是，不是所有的产后坏心情都是产后抑郁，新妈妈可以通过下面的方法来测试一下自身的心理状况：

- 胃口很差，什么都不想吃，体重有明显下降或增加。
- 晚上睡眠不佳或严重失眠，因此白天昏昏欲睡。
- 经常莫名其妙地对丈夫和宝宝发火，事后有负罪感，不久后又开始发火，如此反复。
- 几乎对所有事物失去兴趣，感觉生活没有希望。
- 精神焦虑不安，常为一点小事而恼怒，或者几天不言不语、不吃不喝。
- 认为永远不可能再拥有属于自己的空间。
- 思想不能集中，语言表达紊乱，缺乏逻辑性和综合判断能力。
- 有明显的自卑感，常常不由自主地过度自责，对任何事都缺乏自信。
- 不止一次有轻生的念头。

以上 9 种情况，如果新妈妈有超过 5 项（包含 5 项）的回答为“是”，并且这种情况已持续了 2 周，那么新妈妈很有可能患上了产后抑郁症，需要及时去医院治疗。

如果新妈妈有三四项的回答为“是”，那么新妈妈要特别警惕了，虽然你还没有患上产后抑郁症，但是因为不良情绪积累较多，很有可能导致抑郁症的发生，需要及时寻找途径释放不良情绪。

如果新妈妈回答“是”的情况少于 2 项，则表示只是暂时的情绪低落，只要适时调整，很快就能摆脱坏心情的困扰。

理解新妈妈的坏情绪

大多数新妈妈产后都可能出现焦虑、烦躁，甚至对家人有过分的语言或行为，丈夫和家人可能认为新妈妈实在娇气、事儿多，对此不理解，从而产生家庭矛盾。其实这种反常行为是身体激素变化的结果，并不是娇气所造成的。家人也应该多多体谅，毕竟此阶段的新妈妈比较劳累，产后不适、哺乳宝宝会导致神经比较敏感。因此丈夫和家人对新妈妈应该理解，避免不必要的精神刺激，体贴地照顾新妈妈，以保持新妈妈良好的情绪，保持欢乐的气氛，这也是为宝宝创造良好家庭环境的重要条件。

运动：出去散散步吧

在产后第 5~6 周，新妈妈不宜过于疲劳，也不适合进行远途旅行，但可以在家附近的公园或者庭院里散散步。散步时间不宜过长，走 30 分钟就休息一下。还要注意头部和脚部的保暖，穿上合适的衣服和鞋袜。如果天气寒冷或有雾霾，最好不要出门。

本周运动要遵守的守则

产后第 6 周，新妈妈可以做一些中等或高强度的瘦腰收腹运动了，但在做之前，新妈妈需要确定两点：

第一点要确定自己在最初的几周里是否做运动了。产后运动需要循序渐进地进行，从产后开始运动，到产后 6 周，应该会觉得自己强健而有活力，此时运动幅度、强度才可以稍微增加一些。

第二点则是确定腹肌是否恢复。新妈妈可以用运动的方式来确定，如果新妈妈能轻松地做 15 次腹部收缩运动，并且已经做了好几天，那么表示腹肌能够承受更高一些强度的训练了。如果新妈妈在做腹部收缩运动时，有肌肉肿胀感，或者做的过程中肌肉会颤抖，则表示新妈妈选择的运动太激烈了，有必要恢复重新做一些较轻松的运动。

剖宫产新妈妈这阶段依然需要进行舒缓的运动，直到产后 10~12 周后，才可以逐渐增加运动强度。

边散步边瘦身

产后 5~6 周，新妈妈全身各部位几乎完全恢复正常，新妈妈的心情也会变得轻松些。

如果新妈妈恢复较好，可以由家人陪同，在天气晴朗的日子里到小区附近散散步，散步不仅对新妈妈的身体大有好处，而且还能呼吸新鲜空气，开阔一下视野，心情也能豁然开朗，对预防和减轻产后抑郁特别有效。但是要注意散步的时间不能超过 30 分钟。

下面就教新妈妈两个边散步边瘦身的小妙招。

边散步边收紧腹部

脂肪和肌肉细胞都有记忆功能，经常使之保持在某种状态，它们就会记住并自然表现这种状态。既然如此，我们可以在走路、站立时都稍稍收紧腹部。不但腹部会趋于平坦，走姿站姿也会优雅许多。

边散步边拍打小腹

边散步边拍小腹可是减腹的好办法，这可以有效激活腹部脂肪，加速其分解和消耗。

具体方法：将双手攥成空心拳，轮流叩击小腹左右，可按一定节奏拍打，这可使热量较单纯散步多消耗一两倍。如此一来，软软鼓鼓的小肚子会日益瘦下来。

暂时不能出门的新妈妈，也可以在房间里边遛达边叩击小腹。

养生又保健的产后穴位减肥法

穴位按摩瘦身不仅简单有效，更重要的是还可以起到养生保健的效果，这对产后新妈妈来说非常适宜，动作既温和又能对身体的调养和恢复大有裨益，新妈妈赶快来练习吧。

旋揉肚脐周围

通过按揉肚脐周围的穴位，可以让新妈妈的腹部暖暖的，加速身体代谢，同时也可以消耗腹部脂肪。

一手四指并拢，利用四指指腹稍微用力压肚脐周围。沿着肚脐周边朝一个方向旋转按揉，顺时针、逆时针方向各 5 分钟。

足三里穴位按摩减肥

按摩足三里穴位可以调理脾胃、补中益气，疏风化湿、通经活络，调节免疫力、增强抗病能力；还能起到瘦臀、瘦大小腿的功效。

足三里穴位于膝盖外侧下方一横指处。用指腹反复按揉此穴 50 次。

三阴交穴位按摩减肥

三阴交穴位于内脚踝向上三横指宽的位置。常揉此穴对肝、脾、肾有保健作用，还能消除腿部水肿，使腿部线条更匀称、美观。

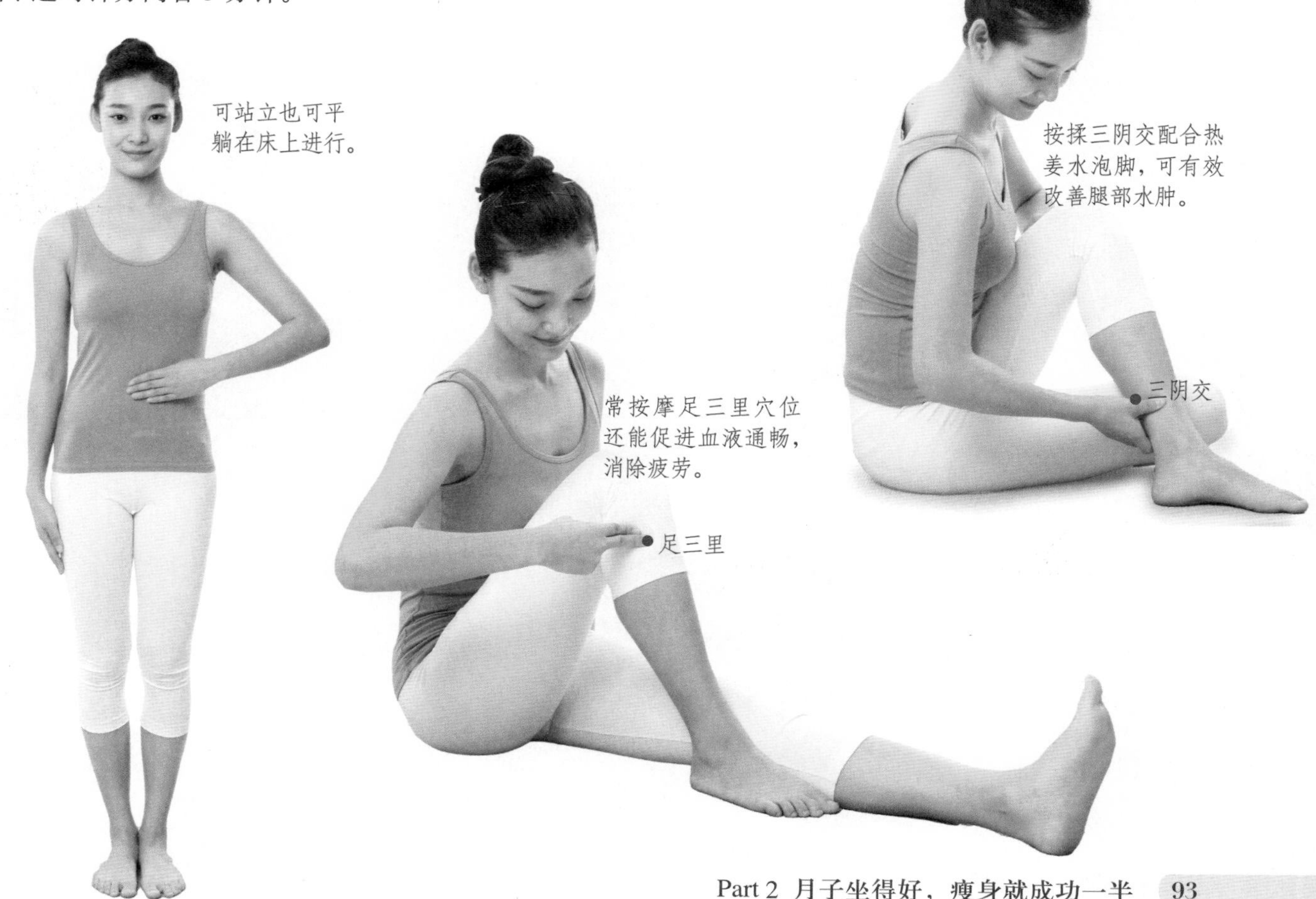

满月后的瘦身恢复运动

满月后骨盆具有良好的可塑性，是恢复骨盆的最佳时期。这期间经常练习骨盆恢复操，可使骨盆恢复到产前的状态。这里再介绍一种让骨盆更加灵活的运动，对新妈妈的身体恢复和塑造完美体形都有帮助。

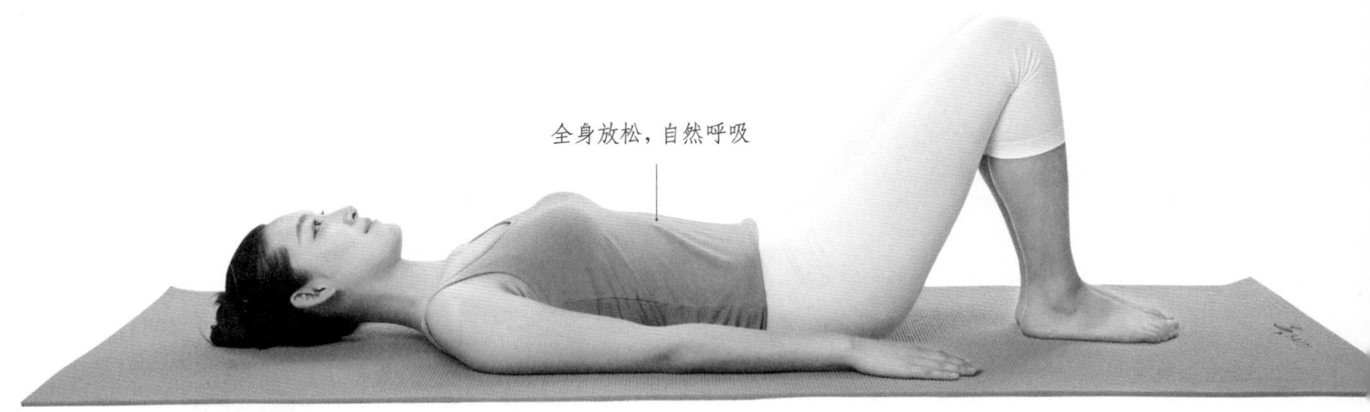

1 仰卧，双腿弯曲，脚掌紧贴地面，双手手掌向下，置于体侧。

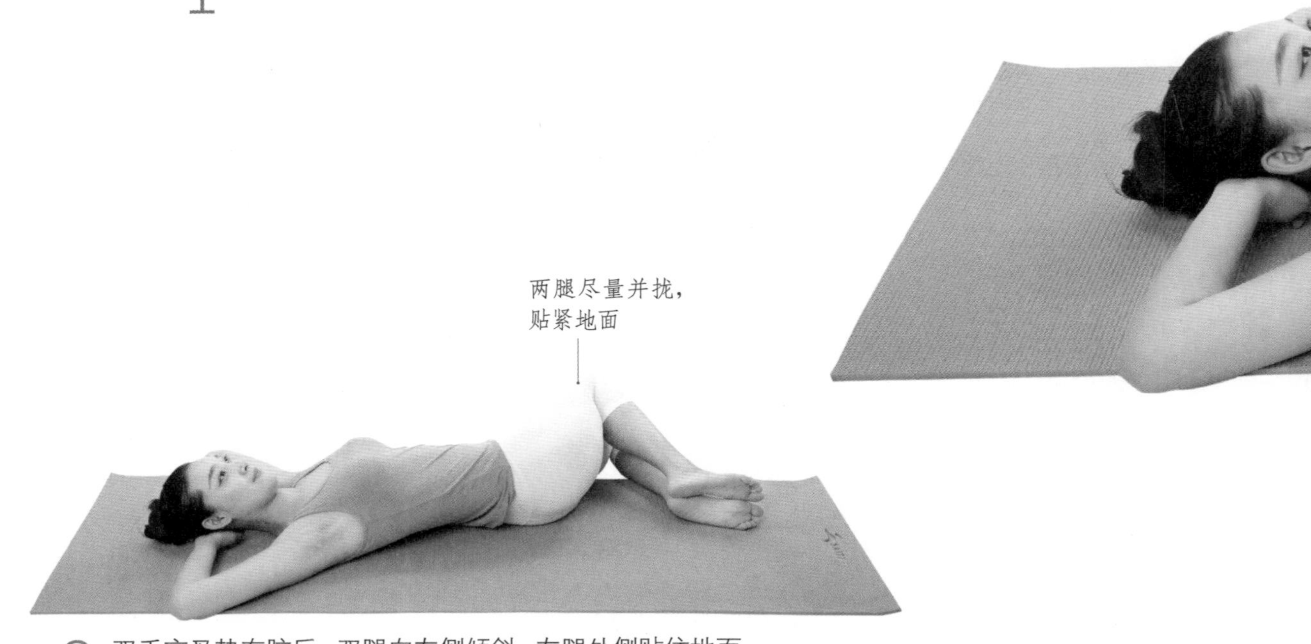

2 双手交叉垫在脑后，双腿向左侧倾斜，左腿外侧贴住地面。

锻炼部位

- 骨盆
- 腰部
- 大腿
- 臀

3 左脚放在右侧大腿上。

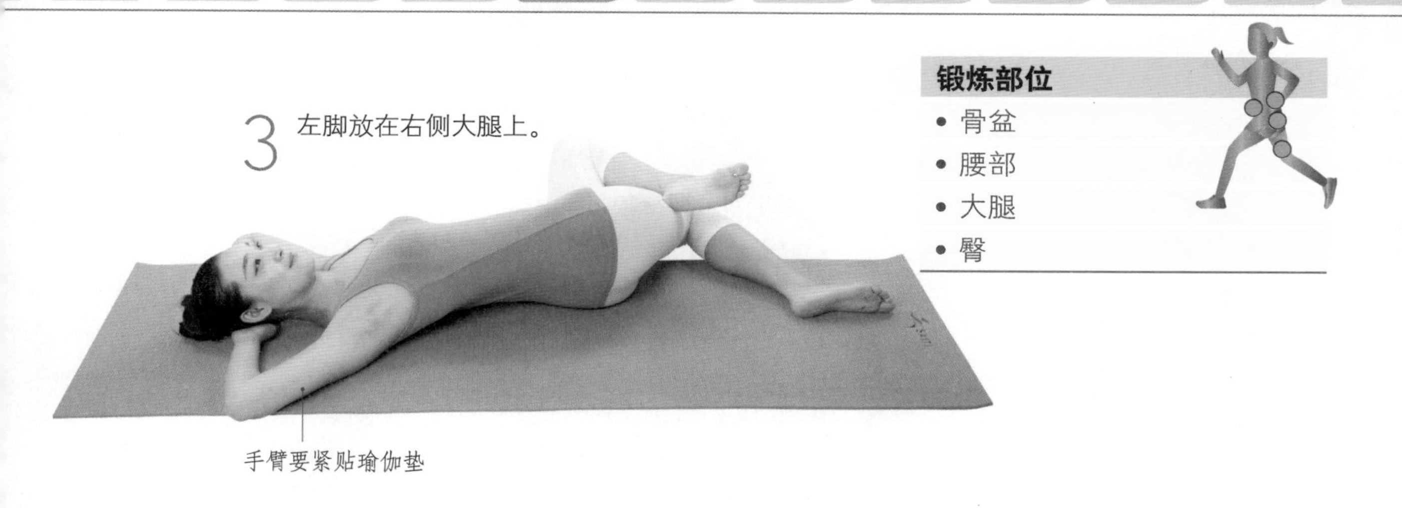

4 换另一侧进行相同动作。

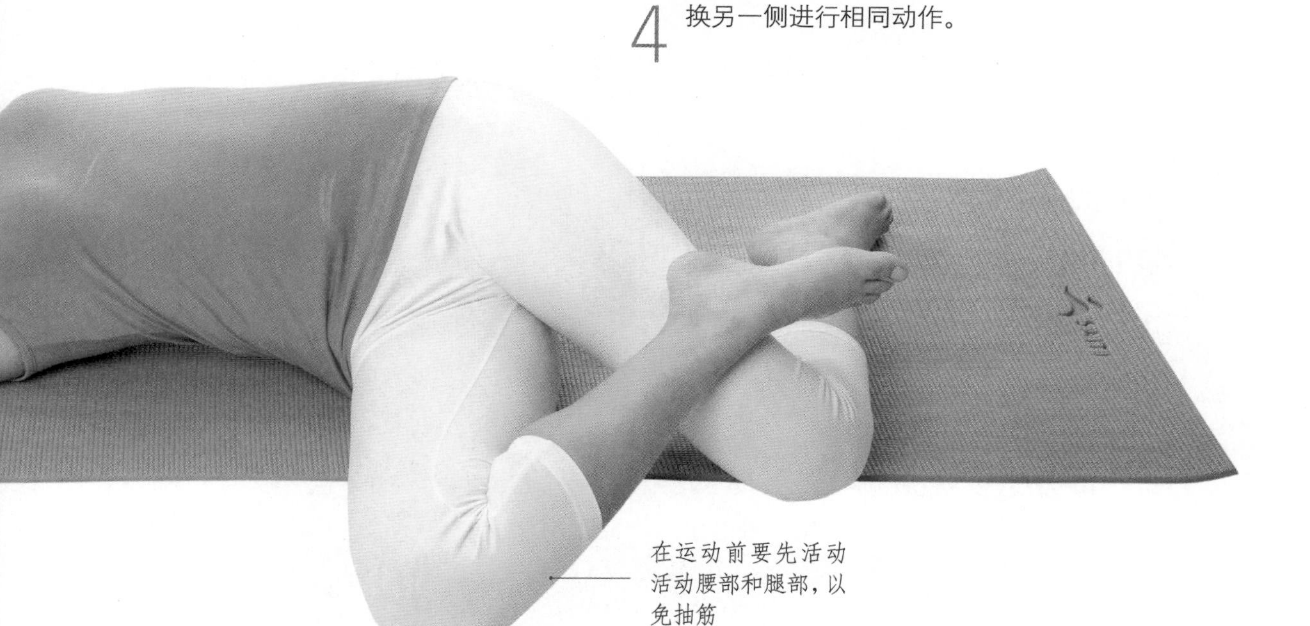

运动注意事项

新妈妈在运动前要先活动活动腰部和腿部，以免抽筋。在运动过程中，如果感到不舒服要立即停止。

这样做效果更好：双腿倾斜时要以贴住地面为准，这样才能很好地拉伸腿部、腰部和臀部的肌肉，同时也能使骨盆得到锻炼。每一个动作保持 10 秒，左右两侧完整重复 5 次，整体时间保持在 5 分钟左右。

Part 3 42 天后，饮食 + 运动是瘦身的“黄金搭档”

42 天后，新妈妈的身体逐渐恢复，此时新妈妈可以开始正式进行产后瘦身了，而饮食 + 运动是瘦身的“黄金搭档”。饮食上，新妈妈要做到营养均衡全面，尽量少吃高脂肪、高油、高糖的食物。少食多餐，荤素搭配，适量吃些粗粮。运动方面，新妈妈可以从强度低、动作简单的运动开始，然后根据身体的恢复情况循序渐进地进行。只要长期坚持，就能塑造完美曲线，让新妈妈拥有“S”形曲线，变身辣妈。

饮食：养成健康的饮食习惯，减重不反弹

健康的饮食习惯，能够帮助新妈妈改善体质，利于减肥。新妈妈应尽量以五谷杂粮饭代替白米饭，减少淀粉类食物的摄取；以排骨代替猪肉，以新鲜水果代替果汁；少吃油腻、高糖、高脂肪的食物。提升基础代谢率，基础代谢率与体内肌肉含量成正比，而肌肉的形成则依赖于蛋白质。所以增加蛋白质摄入，提升肌肉在体重中所占比例，是减重不反弹的方法之一。

制订专属的瘦身饮食计划

新妈妈的饮食要清淡，注重食物的质量，少食用高脂肪、不易消化的食物，多摄取一些蔬菜、水果和各类谷物。还应多食用一些营养丰富而脂肪含量少的食物，如豆腐、冬瓜等。

需要特别强调的是，哺乳妈妈刻意瘦身会影响乳汁的品质，因此，哺乳妈妈的饮食要保证足够的营养，富含蛋白质的肉类、蛋类、牛奶及乳制品，以及油脂是必不可少的，但是要控制量，不要一下摄入过多。

增加膳食纤维摄入量，缓解便秘

膳食纤维容易产生饱腹感，还可以阻止人体过分吸收营养物质。这样会降低人体对热量的吸收，使人体有机会分解体内存储的脂肪。因此新妈妈在平日三餐中应适量摄入玉米、芹菜、南瓜、红薯、苹果和菠萝这些富含膳食纤维的蔬菜和水果，从而促进胃肠蠕动，帮助消化，降低胆固醇，减少脂肪堆积。同时，在吃蔬果时，可适当吃蔬果皮，瘦身又排毒。如在吃苹果时，可以不削皮，用水仔细冲洗干净后食用即可。

红薯含有的膳食纤维丰富，可增强肠道蠕动，食用方法也很多，蒸、煮、烤都很美味。

细嚼慢咽更易瘦

研究显示，胃的感觉传送到大脑，再由大脑发送停止饮食信息的时间，大概需要20分钟，这就是很多时候，吃饭的时候总感觉没吃饱，等感觉吃饱了的时候发现已经很撑了的原因。产后新妈妈新陈代谢快，也很容易出现这种情况，不知不觉就多摄入了热量。

进食时细嚼慢咽可以充分粉碎食物，令食物与消化液尽可能多地接触，有助于消化，而且细嚼慢咽拉长了进食时间，相当于缩短了胃产生饱腹感与大脑反应的时间，也有助于控制总热量的摄入。因此，新妈妈进餐时也学着细嚼慢咽吧。

可增加饱腹感的食物更利于瘦身

适当吃些增加饱腹感的食物，可以让新妈妈减少饥饿感，帮助控制食物的摄入量，利于新妈妈瘦身减肥。常见的饱腹感食物有土豆、苹果、酸奶、燕麦、鸡蛋、红薯、鱼类。在食用土豆、红薯、鱼类时最好用蒸的方法，不仅可以保证食物的营养，还能减少油脂的摄入。

想吃肉，用脂肪含量低的白肉代替红肉

猪肉是家庭中最常见的肉类，不仅解馋而且做法多样，很受人们喜爱。但是猪肉含有很高的脂肪，长期大量食用，不仅会造成肥胖，还会引发多种疾病。因此，在减肥期间，新妈妈应少食猪肉。而牛肉、羊肉相比猪肉脂肪含量略低，但是常食也会引起肥胖。

如果新妈妈在减肥期间想吃肉，不妨用鸡肉、鸭肉、虾肉、鱼肉等白肉代替，这些白肉不光脂肪含量低，而且还有很高的营养价值，尤其是蛋白质含量高，可以助力新妈妈减肥，增加身体的肌肉含量，使身材更美、更有型。

炸鸡热量高，不利于瘦身，新妈妈可选择炖汤食用。

忌 1 天吃 2 顿饭

有些新妈妈为了尽快瘦身，采用 1 天只吃早午 2 顿饭，晚餐不吃的做法，这种做法会使身体的新陈代谢率降低，不仅达不到瘦身的目的，还会引起一些肠胃疾病。建议新妈妈每天定时定量吃饭。白天的活动量较晚上高，因此早餐和午餐可以吃得相对多一些，而晚上活动量减少，吃得要少一些。

油炸食物、甜食仍是瘦身的最大“敌人”

不少新妈妈在孕前喜欢吃油炸食物，如炸薯条、炸鸡等，这些食物虽然好吃但是属于高热量的食物，而且食物被油炸后营养也会大打折扣，因此新妈妈要控制自己，尽量少吃或不吃油炸食物。除了油炸食物，甜食也是瘦身路上的“绊脚石”，如饼干、奶油蛋糕等，精美的外表，甜甜的味道加上爽滑的奶油，真是让新妈妈欲罢不能，但是如果想要减肥瘦身就应该避免食用甜食，这样才能达到最终的瘦身效果。

多吃些有清肠作用的蔬菜、水果

新妈妈也不要忽视膳食纤维和维生素的补充，这样能有效将毒素排出来，防止便秘。蔬菜、水果中的膳食纤维和维生素不仅可以帮助新妈妈促进食欲，防止产后便秘，还能吸收肠道中的有害物质，促进毒素排出。莲藕中含有大量的碳水化合物、维生素和矿物质，营养丰富，清淡爽口，能增进食欲，帮助消化，还能促使乳汁分泌，有助于对宝宝的喂养；银耳、木耳、香菇、猴头菌等食用菌类，含有丰富的膳食纤维，能帮助新妈妈重建身体免疫系统，为新妈妈的健康加分。

除此之外，新妈妈也可以适当吃些瓜果皮，如冬瓜皮、西瓜皮和黄瓜皮这三种蔬果皮，在所有蔬果皮中最具清热利湿、消脂瘦身的功效，因此可常将三种蔬果皮加在餐中。食用西瓜皮需先刮去蜡质外皮，冬瓜皮需刮去茸毛硬质外皮，黄瓜皮可洗去表皮的刺后直接食用。也可将瓜皮焯熟，冷却后加盐和醋拌成凉菜食用。

五谷杂粮饭最减肥

从中国人的饮食习惯来看，米饭、馒头等主食确实是长胖的罪魁祸首，所以很多减肥的女性都杜绝了食物中的主食，希望以其他食物来代替米饭，然而这种节食方法一点儿也不适合哺乳妈妈。

其实，米饭要吃对了，也可以起到减肥的效果。五谷杂粮相对于精致米面，其中所含膳食纤维大大增加，可以增加饱腹感，减少哺乳妈妈总热量摄入。家人可以将谷物、豆类等与米面搭配起来煮成软饭或粥，来给哺乳妈妈食用。不过，哺乳妈妈也要注意，不宜食用太过粗糙、坚硬的食物，仍需以精致米面为主，以免影响消化。

吃魔芋速瘦身

魔芋的主要成分是甘露糖，并含有多种人体不能合成的氨基酸及钙、锌、铜等矿物质，是一种低脂、低糖、低热、无胆固醇的优质食材。魔芋食后有饱腹感，可减少新妈妈摄入食物的数量和能量，消耗多余脂肪，有利于控制体重，达到自然减肥效果。魔芋是有益的碱性食物，如果酸性食物吃得过多，搭配吃些魔芋，可以使新妈妈体内酸碱度达到平衡，对健康十分有利。

竹荪可以减少脂肪堆积

竹荪洁白、细嫩、爽口，味道鲜美，营养丰富。竹荪所含多糖以半乳糖、葡萄糖、甘露糖和木糖等异多糖为主，所含的多种矿物质中，重要的有锌、铁、铜、硒等。竹荪属于碱性食品，能降低体内胆固醇，减少腹壁脂肪的堆积。新妈妈吃了既能补营养，又能缓解脂肪堆积的困扰。

哺乳仍是减肥的最佳方式

此时，坚持母乳喂养仍是新妈妈瘦身的最好方式，因为喂母乳时，宝宝长时间吸吮乳头，可以帮助新妈妈子宫收缩，而且母乳的分泌会消耗新妈妈体内的脂肪，对瘦身也很有利。

新妈妈需要注意的是，正常哺乳的同时，需要注意营养均衡，不可节食减肥，最好也不要放纵进食，在保证身体需要的基础上，满足宝宝的母乳需求即可。饮食上，在保证蔬菜、水果、碳水化合物、蛋白质、脂肪等各类营养摄入的同时，宜适当增加蔬菜、水果的摄入，减少碳水化合物的摄入，尽量不吃蛋糕、糖果、饼干等含糖量较高的食物。喝汤时，也尽量选择蔬菜汤，喝鸡汤、肉汤时，宜先撇去上面的浮油再喝。

哺乳妈妈每天摄入热量不低于 2 300 千卡

一般普通女性，每天的活动大约会消耗 1 800 千卡的热量，高运动量的人消耗热量可能更高一些，大约在 2 200 千卡。哺乳妈妈由于需要哺乳，每天比普通女性增加 500 千卡的热量，所以宜摄入 2 300 千卡左右热量为佳。2 300 千卡热量约是下列食物能量的总和。

由于在孕期储备了足够的脂肪，哺乳妈妈可适当减少脂肪的摄入，增加蔬菜的摄入，多吃些易产生饱腹感且热量低的食物，如海藻类、蘑菇类等。

以水果代替零食。如果有想吃零食的念头，就选一些水果来吃，比如说苹果、香蕉等。

以“1/2+1+1/2”代替“1/2+1/2+1”。其中的数字表示早、中、晚三餐主食摄入量。早、中、晚饭量最好为早饭半碗、午饭 1 碗、晚饭半碗，虽说同样一天吃了 2 碗饭，但晚上吃 1 碗与中午吃 1 碗对体重的影响却截然不同。

多吃蔬菜，减少主食摄入。对不吃到肚胀不放碗的哺乳妈妈来说，可以多吃些绿叶蔬菜来增加饱腹感，减少饭量，有助于减肥成功。

田园糙米饭

低

滋补又瘦身：此饭中有主食、杂粮还有蔬菜，营养均衡、全面。

原料：糙米 40 克，大米 50 克，玉米粒 30 克，胡萝卜丁、香菇丁、盐各适量。

做法：①糙米、大米、玉米粒分别洗净，糙米浸泡 2 小时。②油锅烧热，放胡萝卜丁、香菇丁翻炒，调入盐拌匀。③将所有材料放入电饭煲中，加适量水，按煮饭键即可。

糙米
功效：减肥，降血脂，提高免疫力
作用：糙米富含碳水化合物和膳食纤维，对想减肥的新妈妈来说特别有益。糙米还有很好的饱腹感，利于减肥
食用方法：蒸食、熬粥

小米蒸糕

低

滋补又瘦身：这道小米蒸糕既可当主食，又可当零食，养胃又瘦身。

原料：小米粉 400 克，玉米粉、白糖各100 克，发酵粉适量。

做法：①把小米粉、玉米粉、发酵粉、白糖混匀，倒入温水制成面团。②将面团包上保鲜膜，放温暖处发酵。③发好的面团按揉至松软，切块。④冷水入锅，冒汽后，大火蒸 15~20 分钟即可。

小米
功效：滋阴养血，健脾和胃
作用：小米非常适合产后身体虚寒的新妈妈食用，可以滋阴养血，帮助新妈妈恢复体力，是产后很好的滋补食材
食用方法：熬粥、蒸饭、磨粉后制作主食，与黄豆或肉类搭配食用营养更佳

肉丝银芽汤

中

滋补又瘦身：此汤热量低、蛋白质高，利于产后新妈妈瘦身滋补。

原料：黄豆芽 200 克，猪瘦肉丝 100 克，粉丝 50 克，盐、花椒粉、醋、姜末各适量。

做法：①黄豆芽、猪瘦肉丝分别洗净；粉丝泡软。②油锅烧热，放瘦肉丝、姜末炒至肉变色，下黄豆芽快速翻炒。③下粉丝，调入盐、醋、花椒粉，煮至食材全熟即可。

黄豆芽
功效：补气养血，清热明目，养颜乌发，健脑抗疲劳
作用：黄豆芽有清热利湿、养颜乌发的作用，且其热量低，有助于减肥瘦身
食用方法：炒食、拌食、煲汤均可

开心百合虾

中

滋补又瘦身：虾仁、百合的热量低，搭配开心果，让热量更均衡。

原料： 开心果仁 5 颗，虾仁 200 克，鲜百合 10 克，蛋清、盐、姜片、蒜片、料酒、水淀粉各适量。

做法： ①虾仁洗净，加淀粉、盐、蛋清抓匀，腌片刻。②鲜百合洗净，掰瓣。③油锅烧热，放姜片、蒜片、虾仁、百合，加料酒翻炒。④放开心果仁、水淀粉、盐炒匀即可。

开心果
功效： 抗衰老，增强体质，润肠排毒
作用： 开心果中所含的油脂可润肠通便，利于身体排毒
食用方法： 开心果可直接食用，也可炒食、熬粥，每天一小把即可

香蕉苹果粥

中

滋补又瘦身：在熬粥时放些水果，能缓解产后便秘，利于减肥瘦身。

原料： 大米 50 克，香蕉 1/2 根，苹果 1/2 个。

做法： ①大米洗净；香蕉去皮，取肉，压成泥；苹果洗净，去皮、核，切丁。②大米加足量水，放入砂锅中，大火煮开，改小火熬煮 15 分钟左右。③放入苹果丁、香蕉泥，煮熟即可。

香蕉
功效： 润肠通便，清热解毒，舒缓心情
作用： 香蕉是高钾、高镁的水果，能缓解疲劳，减轻心理压力
食用方法： 直接食用、熬粥均可，空腹不宜吃香蕉，一天不超过 2 根

杂粮饭

低

滋补又瘦身：将五谷杂粮和大米搭配蒸饭是减肥的好吃法，能帮助改善亚健康的状态，拥有好身材。

原料： 黑米、薏米、荞麦、糙米、燕麦各 20 克，大米 50 克，红豆 30 克。

做法： ①黑米、薏米、荞麦、糙米、燕麦、红豆洗净，浸泡 3 小时。②大米洗净，浸泡 10 分钟。③所有食材放入电饭锅中，倒入泡米水，启动“煮饭”程序即可。

薏米
功效： 祛湿消肿，健脾和胃
作用： 薏米消暑利湿，夏天可以适当多食用一些。此外，薏米益脾不伤胃，是很好的滋补食材
食用方法： 蒸饭、熬粥、煲汤均可

鲤鱼黄瓜汤

低

滋补又瘦身：此汤营养清淡，利水消肿、滋补通乳，既能通乳又可减肥，适合瘦身的哺乳妈妈。

原料：鲤鱼1条、黄瓜1根、枸杞子、盐、香油各适量。

做法：①黄瓜洗净，切菱形片；鲤鱼处理干净，洗净沥干。②油锅烧热，放鲤鱼，小火煎至两面金黄，加开水、黄瓜片、枸杞子煮沸，转小火煮20分钟。③出锅前加盐，淋入香油即可。

黄瓜
功效：清热解毒，利水利尿，美容瘦身
作用：黄瓜富含膳食纤维，能润肠排毒，利于美体瘦身，其所含的维生素C能有效对抗皮肤衰老，嫩肤美容，因此减肥期间可适当多食
食用方法：拌食、炒食、榨汁、做汤均可

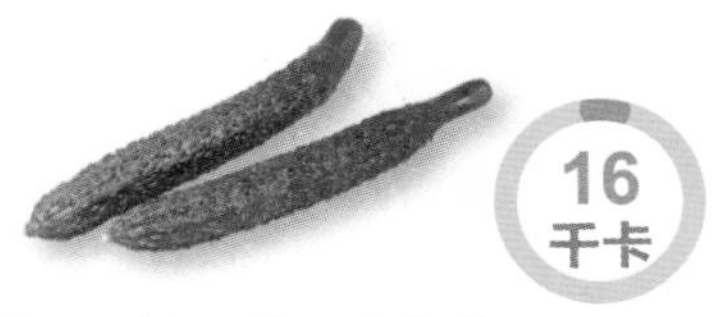

炒豆皮

中

滋补又瘦身：豆皮富含蛋白质，且脂肪含量低，利于增强基础代谢，利于新妈妈的身体恢复和健康。

原料：豆皮1张，香菇4朵，胡萝卜1/2根，香油、姜片各适量。

做法：①香菇洗净，切块；胡萝卜洗净，切丝；豆皮切片。②将香油烧热，爆香姜片，再放入豆皮、胡萝卜丝、香菇，炒熟即可。

豆皮
功效：清热润肺，补钙催乳，提高免疫力
作用：豆皮是豆制品的一种，富含蛋白质，具有易消化吸收的优点，能提高免疫力，还有补钙、催乳的功效，哺乳妈妈可多吃些，但要注意量
食用方法：拌食、炒食均可

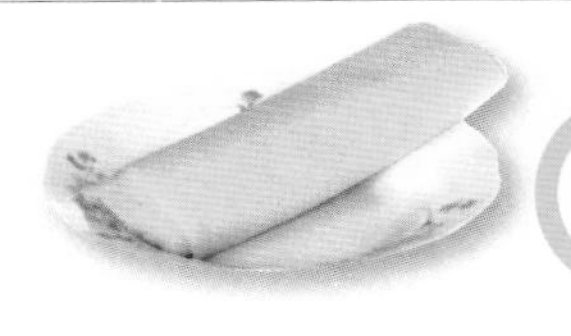

海带豆渣饼

低

滋补又瘦身：此饼富含膳食纤维，能增加饱腹感，利于减肥瘦身。

原料：豆渣、海带各50克，玉米面100克，鸡蛋1个，盐和油各适量。

做法：①海带洗净，切细丝。②豆渣放入玉米面中混合，打入鸡蛋，放入海带丝搅匀。③在豆渣玉米粉中调入盐和少许油，加少许水和成面团，并分成小剂，压成稍厚的饼坯。④油锅烧热，放入饼坯，小火慢煎至饼熟即可。

海带
功效：排毒消肿，抗辐射，瘦身
作用：海带富含膳食纤维和胶质，可润肠排毒、消除水肿，利于减肥瘦身
食用方法：拌食、炒食、煲汤、熬粥、蒸饭均可

荠菜魔芋汤 低

滋补又瘦身：魔芋特有的水凝胶纤维可促进肠道蠕动，预防新妈妈产后便秘，是很好的减肥瘦身食材。

原料：荠菜4棵，魔芋100克，盐、胡萝卜丝、姜丝各适量。

做法：①荠菜去根择洗干净，切成段，备用。②魔芋洗净，切成条，用热水煮2分钟去味，沥干，备用。③魔芋、荠菜、姜丝、胡萝卜丝放入锅内，加清水用大火煮沸，转中火煮至荠菜熟软，加盐调味即可。

魔芋
功效：解毒消肿，润肠通便，减肥瘦身
作用：魔芋中的多糖可以增加饱腹感，控制体重，达到减肥瘦身的目的；而其特有的水凝胶纤维还有润肠排毒、消肿的功效
食用方法：拌食、做汤、炒食均可

玉米豆面窝头 中

滋补又瘦身：此主食可为新妈妈补充一天所需的碳水化合物，其富含的膳食纤维有助于排毒和瘦身。

原料：玉米面250克，大米面150克，黄豆面200克。

做法：①玉米面、大米面、黄豆面混合均匀，加沸水和成面团。②面团切块，团成圆锥形，用大拇指在锥底扎一个孔。③将做好的窝头码入蒸笼，大火蒸30分钟即可。

玉米面
功效：润肠通便，美容瘦身，延缓衰老
作用：玉米面富含卵磷脂、维生素E和膳食纤维，更利于人体消化吸收，可以润肠通便、延缓衰老、美容瘦身，适合减肥期间食用
食用方法：熬粥、做主食均可

葵花子鸡肉沙拉 中

滋补又瘦身：沙拉食材丰富，能增加饱腹感，利于控制体重。

原料：鸡胸肉80克，熟葵花子仁15克，生菜100克，圣女果50克，酸奶50毫升，盐、料酒、酱油、柠檬汁各适量。

做法：①鸡胸肉用盐、料酒、酱油腌片刻；生菜洗净，撕片；圣女果洗净，切两半。②油锅烧热，煎熟鸡胸肉，切块。③所有食材放入碗中，加盐、酸奶、柠檬汁拌匀即可。

生菜
功效：减肥瘦身，清热提神
作用：生菜富含膳食纤维，可以消除体内多余的脂肪，有利于减肥。其中的维生素C、维生素E能美白、保护视力
食用方法：生食、炒食、拌食均可

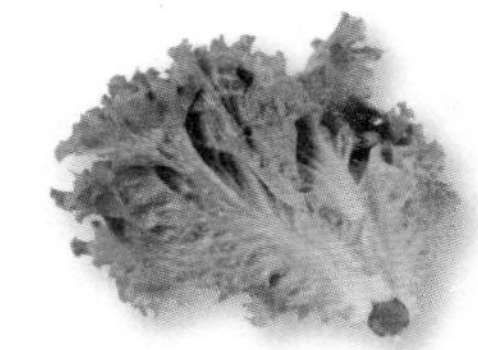

27
千卡

运动：产后科学运动，减脂强体速瘦身

出了月子，新妈妈的身体逐渐恢复，此时新妈妈就可以开始进行产后瘦身运动了。刚开始时新妈妈可以从强度低、动作简单的运动开始，然后根据身体的恢复情况循序渐进地进行。在运动的同时不仅可以减肥瘦身，还能拉伸、运动肌肉，让新妈妈的身体变得健康、优美。只要长期坚持科学运动，就能塑造完美曲线，变身辣妈。

产后运动要循序渐进有目标

经过月子期的调养和适当运动，新妈妈的身心已慢慢进入佳境，此时正是新妈妈开始减肥瘦身的好时机。但身体刚刚复原，依然不适合做强烈的运动，要科学地增加运动量和运动强度，循序渐进，让身体在慢慢适应的过程中达到减肥瘦身的目的。

产后半年，你的瘦身“黄金期”

自产后 2 个月起到产后 6 个月，是新妈妈瘦身的“黄金期”。在产后检查后，如果新妈妈的身体都恢复正常，那么新妈妈就可以正式开始产后瘦身了。那到底怎样抓住产后半年的最佳减肥期呢？

产后 2 个月循序渐进减重

产后 2 个月的新妈妈身体得到恢复后，即使母乳喂养也可以开始循序渐进地减重了，可以适当加大运动量，并采取适当减少饮食的量、提高食物的质来调整和改善饮食结构。不过进行母乳喂养的新妈妈，还是要注意保证营养摄取，只要不大量食用高热量、高脂肪的食物就可以了。

产后 4 个月可以加大减肥力度

非哺乳妈妈在产后满 4 个月后可以加大减肥力度，可以像产前一样减肥了。不过对于仍然进行母乳喂养的新妈妈来说，还是要坚持产后 2 个月以后的减肥原则，即适量减少食量和适度增加运动。

产后 6 个月必须进行减重

无论哺乳妈妈还是非哺乳妈妈，在产后满 6 个月后都应该进行减重了，否则脂肪一旦真正形成，减肥会非常难。新妈妈可采取有效的运动瘦身方式，比如游泳、产后瑜伽等。

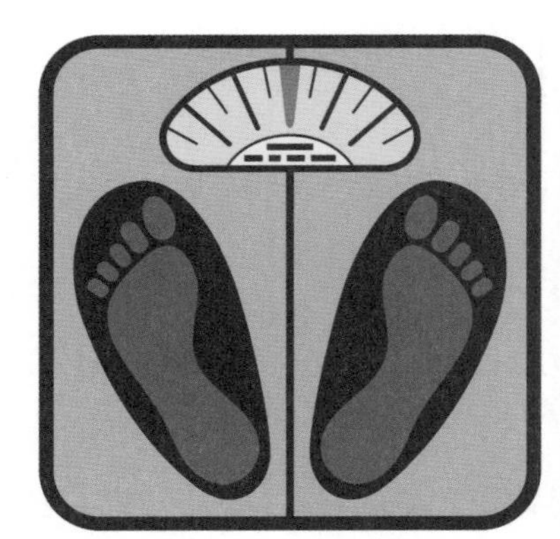

定期称体重有利于督促新妈妈瘦身。

产后瑜伽，好处多多

一般来说，产后 42 天新妈妈就可以适当做一些专门的产后瑜伽了，等到产后 3 个月，就可以进行一般的瘦身瑜伽了。

定期适度的瑜伽训练能够帮助新妈妈消除分娩产生的生理、心理问题，比如形体恢复、失眠、体内激素失衡引起的情绪变化和照顾宝宝所面临的挑战等。

恢复体型。产后瑜伽可改善血液循环，恢复皮肤张力及减少脂肪囤积，以达到瘦身目标。

改善不良姿势。怀孕时，因为生理上的改变极易产生不良姿势，如身体重心前移、颈椎前凸、骨盆前倾等，而产后瑜伽可以帮助新妈妈恢复正确的姿势，让新妈妈身材更加挺拔。

重建腹部及骨盆底肌肉张力。分娩后，腹部肌肉组织松弛，产后瑜伽训练可以加强恢复、强健腹部及骨盆肌肉，以增强骨盆内器官的支撑力量。

预防和缓解产后抑郁。适当做瑜伽，调整呼吸，让自己静下心来，可以帮助新妈妈远离产后抑郁的困扰。

不过，产后瑜伽的动作以自己能够承受为限度，没有绝对的标准，新妈妈练习时不应强求，最好事先征询医生的建议和专业瑜伽老师的指导。

运动前先哺乳

哺乳妈妈在运动前最好先给宝宝喂奶，这是因为通常运动后，新妈妈机体内会产生大量乳酸，而乳酸潴留于血液中会影响乳汁的味道，宝宝不爱吃。所以运动后不宜立即给宝宝哺乳，中等强度以上的运动即可产生此种状况。哺乳新妈妈必须注意，只宜从事一些温和运动，运动结束后先休息一会儿再哺乳。

运动瘦身时应注意补充水分

新妈妈由于易出汗、身体虚弱等特殊的身体状况，在运动时一定要注意补充水分。首先，运动前新妈妈应该喝适量温开水；其次，运动 20~30 分钟后也要休息并补充水分，最好补充温开水，以 40~50 ℃ 的温开水最合适；另外，需要水分的多少，取决于新妈妈的运动量及四周的环境因素，比如气候、温度及阳光的强度等。运动完半个小时后喝杯温开水，还可避免新妈妈发生脱水。

运动前不要空腹

空腹运动容易发生低血糖，所以，如果新妈妈选择在早晨运动，建议运动前 30 分钟先吃点早餐。运动前应以含优质蛋白质的食物为主，这样可以帮助你在运动中消耗更多的脂肪。鸡蛋、脱脂牛奶、鱼、豆腐等都是蛋白质的很好来源。

新妈妈运动后应喝温开水补充水分。

树式瑜伽，紧实肌肉，提高平衡感

经过月子期间长时间的休养，新妈妈正式开始减肥瘦身，从简单的树式瑜伽做起，可以在运动初期增强新妈妈腿部、背部的肌肉，使身体的肌肉得到伸展，让身体更加柔韧，同时也便于循序渐进地进行后期的运动。树式瑜伽是常见的瑜伽体式，可以补养和加强腿部、背部和胸部的肌肉，并增强两踝的力量，对呼吸系统也十分有益，还能预防感冒。

1 并腿站立，腰背挺直，两手掌心向内，两臂靠近左右大腿外侧。

2 弯曲右腿，把右脚掌放在左腿的大腿根部，脚趾向下。以左腿保持平衡，双掌在胸前合拢。

运动注意事项

如果新妈妈掌握不好平衡，或者有头晕症状者，可以扶着椅子做。新妈妈每天做 3~5 组即可，等身体完全恢复好后，每天最多可做 10 组。

这样做效果更好：将脚掌放在另一大腿内侧时，不一定非要放在大腿根部，新妈妈可以根据自己的实际情况，将脚掌放在任意部位，但是要注意膝盖除外。刚开始做时，新妈妈可以先做 3~5 组，然后随着身体状态逐渐增加到 10 组即可。

锻炼部位

- 背部
- 大腿

3 吸气，两臂高举过头，手臂尽量夹住耳朵，呼气时肩膀放松。保持这个姿势 20~30 秒，期间自然呼吸。

4 将合十的双手收回胸前并分开，伸直右腿，恢复基本站立姿势。再把左脚掌放在右腿大腿根部，重复以上动作。

空中蹬自行车，灵活关节瘦大腿

空中蹬自行车可以灵活关节，强化大腿肌肉，加强血液循环，减轻静脉曲张所引起的胀痛感，令双腿修长而匀称。同时对腹部器官和两膝都有温和的强壮作用，能有效去除子宫内的淤血，而且对于子宫移位的新妈妈也大有裨益。

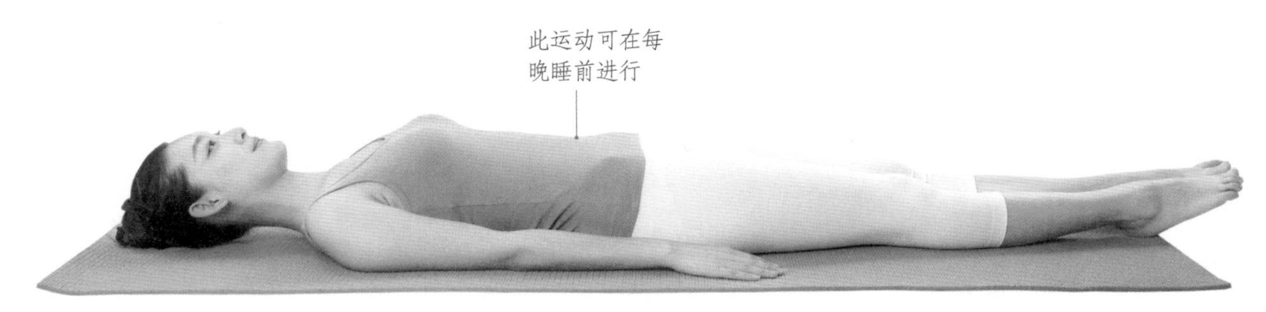

1 仰卧在垫子上，双手放于体侧，手心朝下，放松。

2 双腿弯曲放松，屈膝抬高双腿，上半身保持不动，感觉自己要蹬自行车的样子。

锻炼部位

- 大腿
- 髋部
- 膝关节

3 左腿保持弯曲，右腿向上伸直呈 90°。右腿向下蹬去，保持在空中的姿势，左腿仍然保持弯曲姿势不变。

运动注意事项

如果新妈妈在运动过程中有任何不适，可以停下休息一会儿，等到不适缓解以后，再进行下面的运动。

这样做效果更好：顺方向、反方向各蹬 10 次为 1 圈，连续做 3 圈即可。新妈妈在蹬自行车的过程中速度不用太快，保持中速即可。蹬完 1 圈后，新妈妈可以以平躺的姿势休息，直到身体彻底放松、呼吸恢复正常，再蹬下一圈。

4 右腿弯曲，左腿向上伸直。在左腿蹬下去的时候，右腿同时抬起来。按照此顺序，先顺方向蹬 10 次，再反方向蹬 10 次。

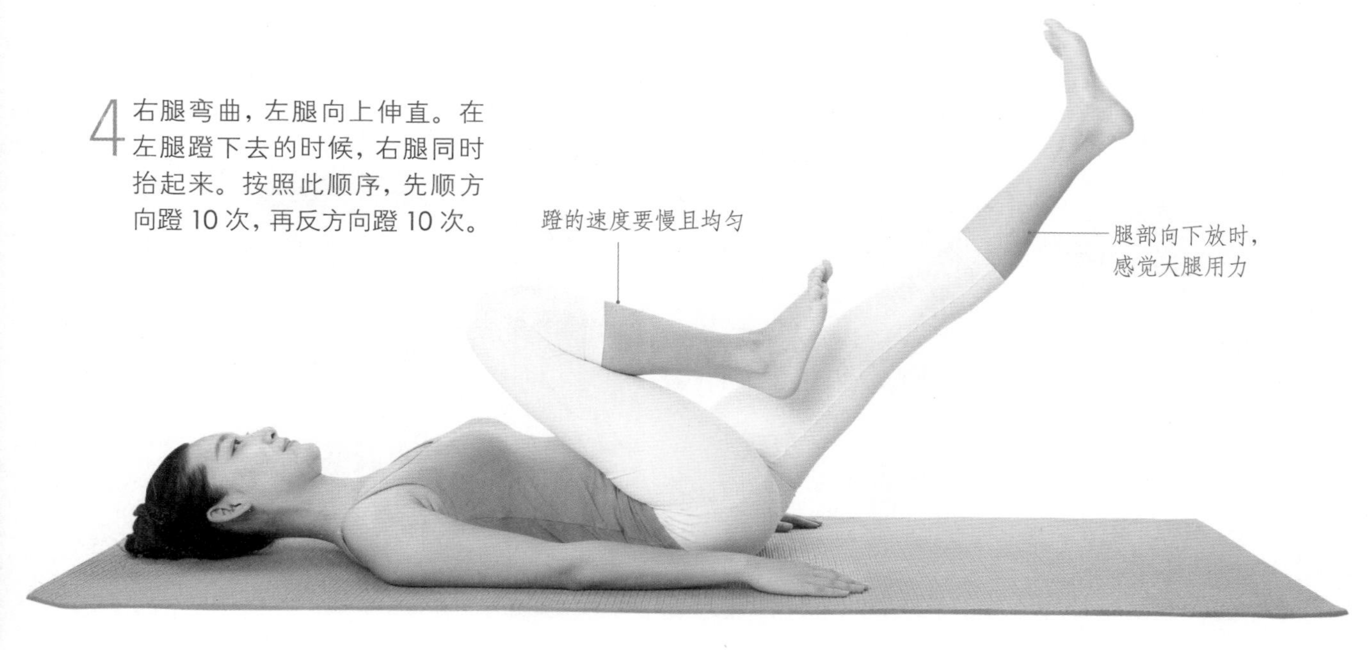

鳄鱼扭转操，消除全身多余赘肉

新妈妈做做鳄鱼扭转操，可以使全身的肌肉放松，能有效地活动骨盆，促进骨盆恢复，还可消除腰腹部多余的脂肪，保持腹部器官健康，有助于缓解下背部和臀部区域的病痛。

1 仰卧在垫子上或床上，双腿屈膝，臀部先略抬起向左移动。

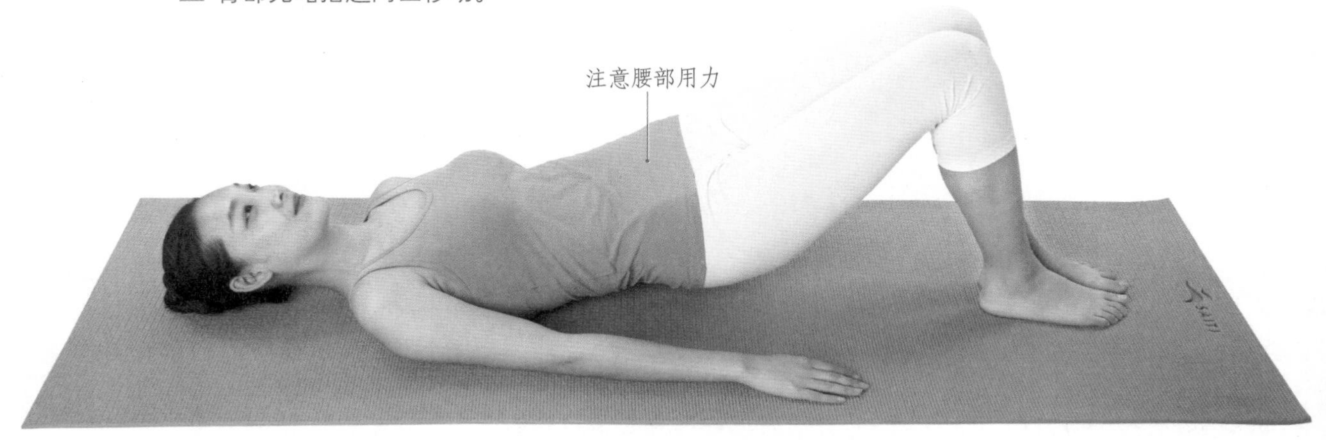

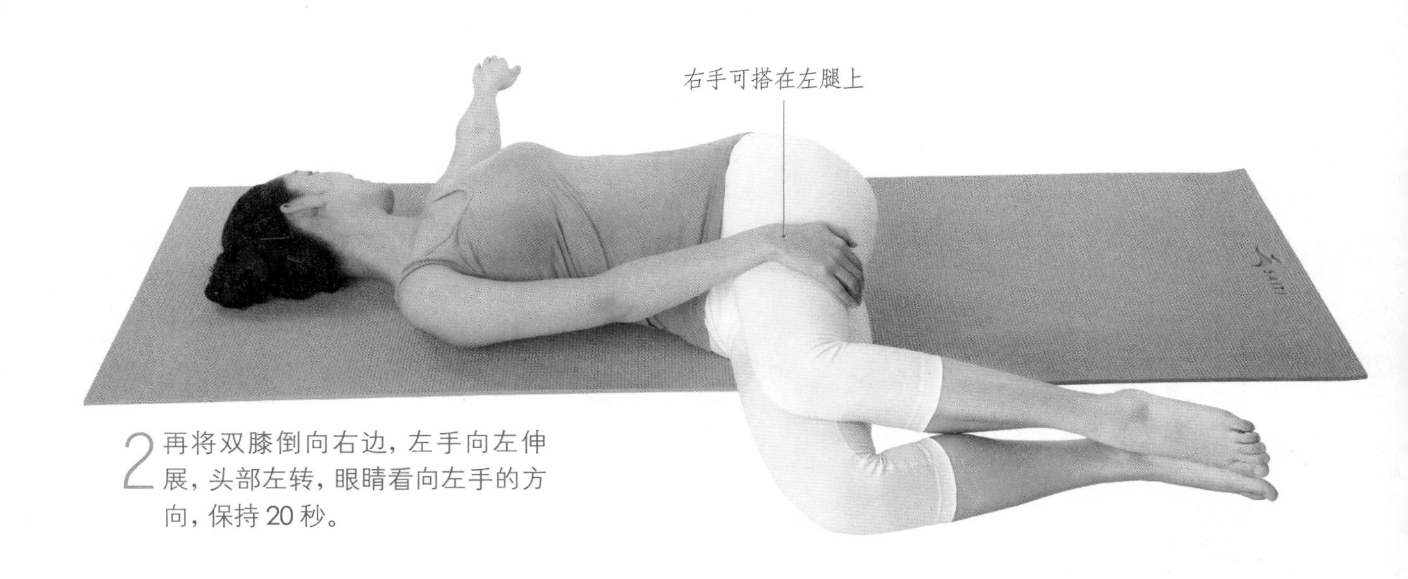

2 再将双膝倒向右边，左手向左伸展，头部左转，眼睛看向左手的方向，保持 20 秒。

3 吸气时，双腿回到中间，头部回正，放松身体。

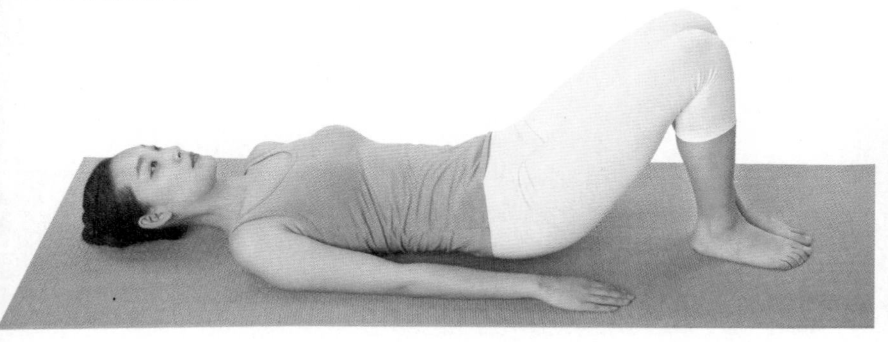

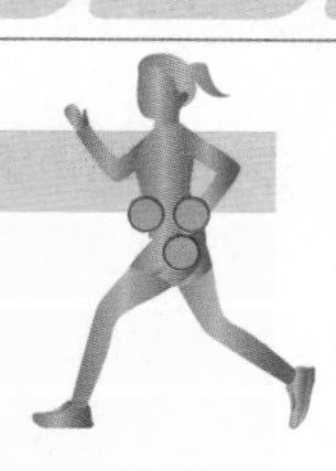

- 骨盆
- 腰部
- 腹部

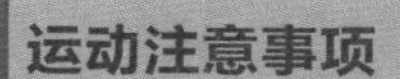

注意在向左右扭转时，不能直接扭转，要将双腿回到中间，先将臀部移动，然后再移动双膝。另外，双膝不能靠拢，在做的过程中，可用手扶住双膝并轻压。

这样做效果更好：新妈妈不用长时间地进行此运动，每天 10 分钟，就可以帮助新妈妈活动全身。最好在睡前做此运动，能很好地帮助全身肌肉放松，有助于睡眠。

4 将臀部先向右移动，再将双膝倒向左边，眼睛转向右手的方向，保持 20 秒。

感受到腹部肌肉有紧张感则可结束

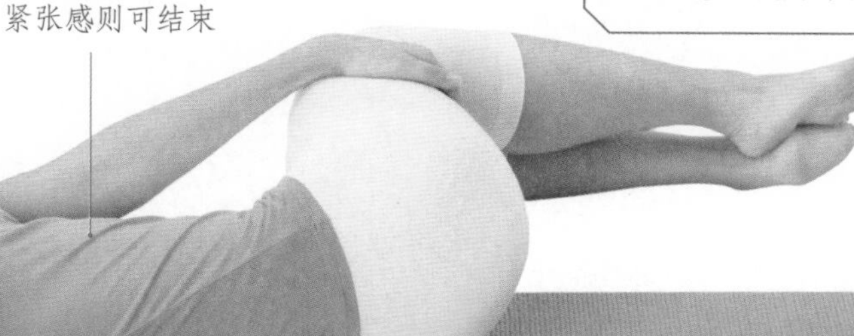

侧角拉伸，缓解疲劳，放松身心

新妈妈产后一直在忙着照顾宝宝，一天下来，身体会很酸痛，这套动作能最大限度地拉伸身体肌肉，不仅能瘦小腿，还能拉伸双臂、肩部和腰背部的肌肉，让新妈妈放松身心，缓解带宝宝的压力，最重要的是能提高身体的新陈代谢，使身体线条更加流畅。

1 双臂侧平举，双脚分开一腿长，左脚尖稍内扣，右脚 90° 向外旋转。右脚脚跟对准左脚脚心。骨盆和躯干朝向正前方。

2 吸气，右手带动身体向右侧拉伸。呼气，右手下落，放置于右脚外侧的瑜伽砖上。吸气时向上延伸脊椎，双膝上提，右大腿收紧。

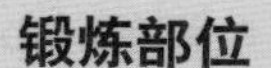

3 呼气，弯曲右膝，使膝盖位于脚踝正上方。右手小臂与右小腿重合，找到相对抗的力量。

4 左臂向耳朵方向伸展。收回时，吸气，左臂向上带起上身，伸直膝盖，呼气时，双手下落。重复做另外一侧。

左腿伸直，体会大腿被拉伸的感觉

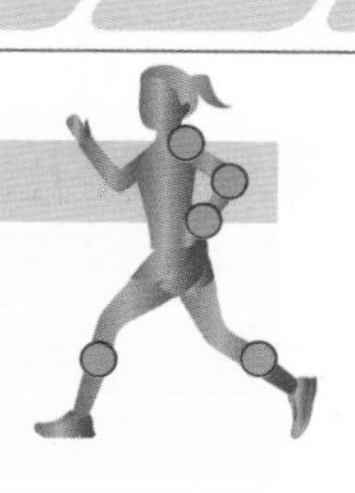

锻炼部位

- 双臂
- 腰部
- 肩部
- 背部
- 小腿

运动注意事项

如果新妈妈觉得动作不容易达到标准，可以幅度小一些，时间短一些，循序渐进。若在运动中途感到不舒服要立即停止。

这样做效果更好：这套拉伸的动作要领就是幅度要大，背部、四肢都要伸直，并配合呼吸运动。整体动作以不超过 15 分钟为宜。如果身体允许，可以稍微休息一会儿再继续做一遍。这套动作新妈妈可以每天做 1 次，身体柔韧度好的新妈妈可以每天晨起和晚上各做 1 次。

英雄座扭转，美化肩背部线条

由于分娩期间松弛素的分泌，骨盆底肌、腰部肌肉松弛，大多数新妈妈在产后会出现腰痛的现象，此时新妈妈可以及时咨询医生，及早在医生指导下进行舒缓的腰部运动。而英雄座扭转，可以帮助新妈妈拉伸腰背部，美化腰背部线条，同时缓解腰部的不适，因此，非常适合产后腰痛的新妈妈。

1 双腿屈膝跪坐于垫子上，双手合十，保持呼吸平稳。

2 吸气时，双臂向上抬起，十指交叉，反转手腕掌心朝上。

锻炼部位

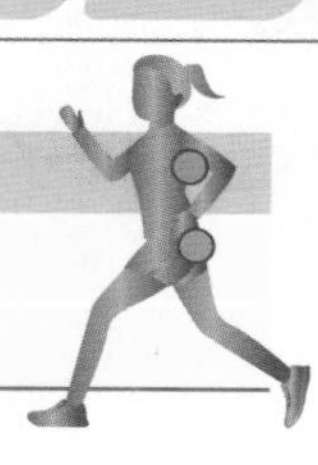

- 腰部
- 背部

运动注意事项

新妈妈在运动的过程中要注意肩关节不要过分拉伸，以免造成疼痛。扭转时动作要缓慢，每次扭转保持 20 秒以加强效果。

这样做效果更好：整个运动中，要保持背部挺直，效果才能达到最好，运动进行 5 分钟就可以了，最多不超过 10 分钟。在生活中，新妈妈还要注意保持正确的站立、坐卧姿势，坚持“能站就别坐，能坐就别躺”的原则。

头部和肩膀扭转角度以腰部感觉舒适为宜

手臂向上拉伸的同时背部要挺直

3 保持两侧腰部向上伸展。呼气时，身体向右扭转，停留 20 秒。吸气，回到中间，再做另一侧。

轻柔椅子操，缓解腿部水肿

腿部水肿从孕期开始就困扰着孕妈妈，而由于怀孕、分娩使新妈妈体内的水分滞留，再加上内分泌的变化使得一些新妈妈在产后腿部的水肿仍没有消退。因此，有腿部水肿的新妈妈不妨试试椅子操，运动时，让腿部得到充分的锻炼，可大大改善下肢血液循环，帮助新妈妈消除腿部水肿，从而紧实腿部的肌肉。

3 坐在椅子上，两手扶在椅子两侧椅面，两膝并拢，抬起一条腿，绷直脚尖，并尽力向前伸展。

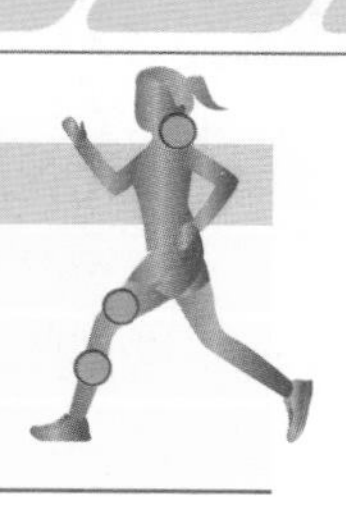

锻炼部位

- 大腿
- 小腿
- 颈部

运动注意事项

在做运动时，新妈妈的每个动作要做到位，动作的幅度根据自己身体的承受能力来做到最大化。

这样做效果更好：新妈妈每天做1次，每次15~30分钟即可，也可以分成两个时间段来做，上午10:30，下午15:30，在缓解疲劳的同时减肥瘦身。

4 脚尖勾起，脚跟用力向前伸展，小腿、大腿拉伸感强。反方向再做一遍。

脊椎式扭转，告别虎背熊腰

这套脊椎扭转运动能够增强脊椎的灵活性，预防背痛；加强胃肠蠕动，有助于排出体内毒素、油脂，收细腰围，非常适合新妈妈瘦腰、拉伸背部，让新妈妈告别虎背熊腰，拥有挺拔的背部和小蛮腰。此外，这套动作还可以促进子宫收缩，使子宫复原。

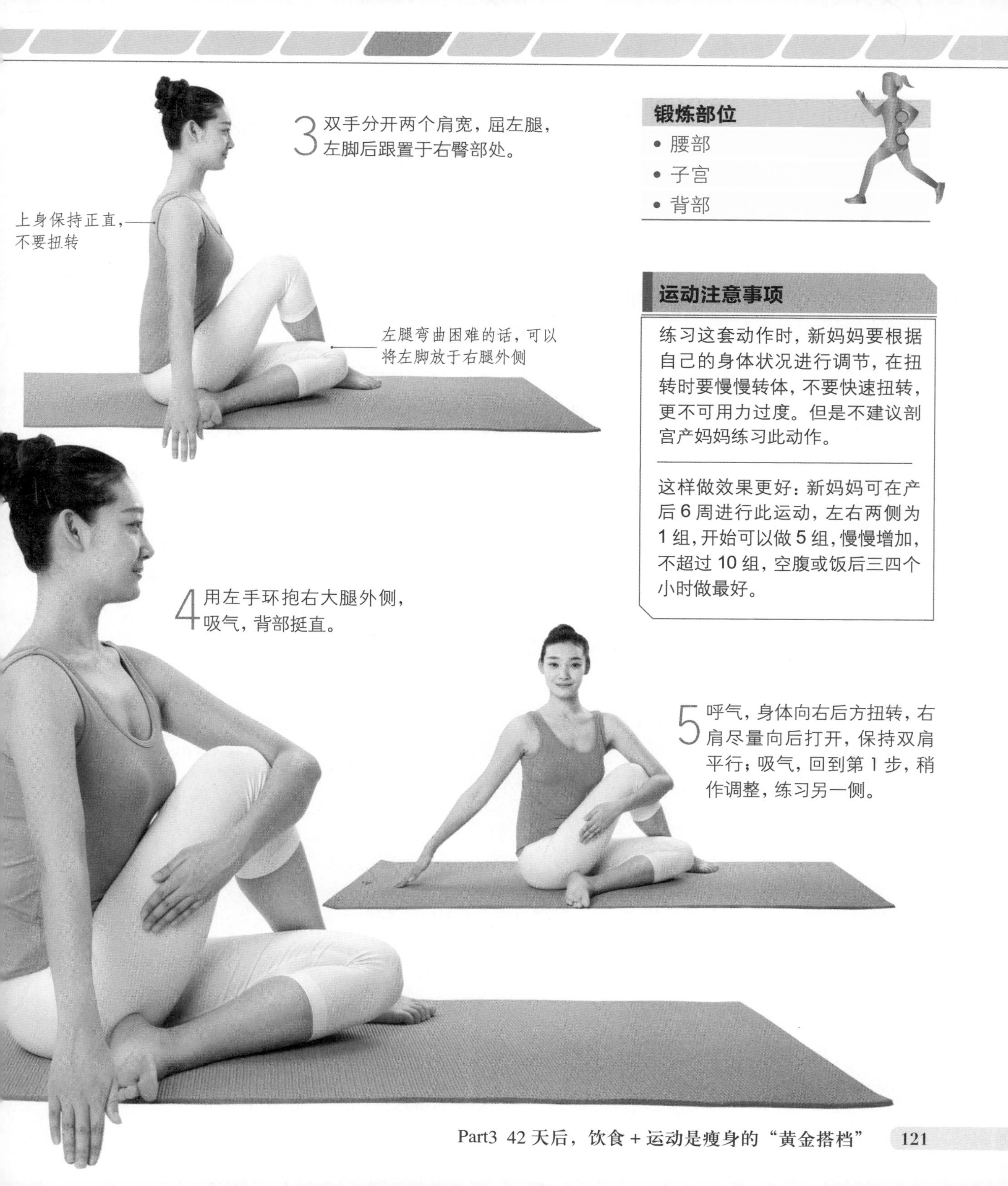

3 双手分开两个肩宽，屈左腿，左脚后跟置于右臀部处。

上身保持正直，不要扭转

左腿弯曲困难的话，可以将左脚放于右腿外侧

4 用左手环抱右大腿外侧，吸气，背部挺直。

5 呼气，身体向右后方扭转，右肩尽量向后打开，保持双肩平行；吸气，回到第 1 步，稍作调整，练习另一侧。

锻炼部位

- 腰部
- 子宫
- 背部

运动注意事项

练习这套动作时，新妈妈要根据自己的身体状况进行调节，在扭转时要慢慢转体，不要快速扭转，更不可用力过度。但是不建议剖宫产妈妈练习此动作。

这样做效果更好：新妈妈可在产后 6 周进行此运动，左右两侧为 1 组，开始可以做 5 组，慢慢增加，不超过 10 组，空腹或饭后三四个小时做最好。

身体适应后，适当加大运动力度

产后 3 个月，新妈妈的身体已经恢复得越来越好了。经过了 2 个月的舒缓运动，新妈妈的身体已经逐渐适应了运动的强度。但凡事都要持之以恒，从产后 3 个月开始，无论是哺乳妈妈，还是非哺乳妈妈，都可以适当地加大运动的力度，但是剧烈的运动仍旧不适合新妈妈，此时不妨多做些慢运动，通过拉伸、舒展身体，达到瘦身的目的。同时，运动的时间也可以稍微延长些。但力度和强度还是要循序渐进，一直到产后 6 个月。

制订专属于自己的瘦身计划

每个想要瘦身的新妈妈都应制订一个专属于自己的瘦身计划，每个人的体质不同，造成减肥困难的原因也不同。不管个体差异，只一味地模仿别人瘦身成功的经验，不仅瘦不下来，可能还会打击到新妈妈减肥的信心，造成更大的反弹。

有的新妈妈稍微运动一下，科学管理饮食，出了月子就能瘦很多；有的新妈妈正常饮食，出了月子也能瘦，可是到了自己身上花费了大力气，又是运动，又是饥饿疗法，不仅没瘦，还长了几千克，这就是个人差异。

想要瘦身的新妈妈要根据自身的情况，找到属于自己的瘦身计划。这个过程有时需要 10~12 个月的时间，每周减重 0.5~1 千克，这是最理想的状态。体重降速稍缓也可以，要尽量保证不要让体重快速降低，以免影响乳汁质量，造成身体康复减缓。

制订属于自己的瘦身计划第一步需要明确减重目标，需要减掉多少体重，打算通过怎样的方法来达到目标等，最好做到心里有数。

此外，根据自己以前减重的经历，总结自己是属于运动型、饮食型，还是混合型的，根据自身的特点，规划饮食、运动。当然，新妈妈月子里还是以身体恢复为第一位，即使在月子里没有减下体重，也不要担心，出月子后再进行瘦身计划也来得及。只要新妈妈制订一个专属于你的瘦身计划，并坚持下去，便能逐步实现。

养成好动的生活习惯

有些新妈妈总说没时间运动，其实在我们生活中有很多运动机会，不妨从养成好动的生活习惯开始，例如：走路、爬楼梯、做家务等。利用这些琐碎的时间进行运动，虽然这些活动每小时消耗的热量较少，但因为持续的时间相对较长，所以，积累下来所消耗的热量有时会比从事特定单项运动还高。养成好动的生活习惯，就不用为没有时间运动而发愁了。

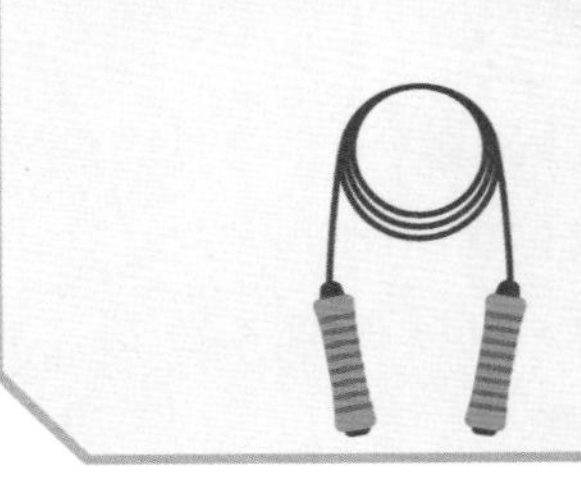

瘦身需要持之以恒，制订详细的计划更容易达到目标。

写下自己的体重管理任务书

产后新妈妈要想塑造完美身材，先要建立体重管理概念，对自己体重有一个科学的认识。那么到底自己的体重算不算肥胖呢？什么才是标准体重？目前最简单的依据就是体重指数，即BMI，也就是体重（千克）除以身高的平方（平方米）。BMI是与体内脂肪总量密切相关的指标，该指标考虑了体重和身高两个因素。

最标准的BMI值为22，这样的新妈妈比较能远离心血管疾病、慢性疾病的威胁，如果新妈妈觉得BMI值为22的体重数在外观上仍稍显胖，可乘以0.9，作为减肥的目标体重。

BMI= 体重（千克）÷ 身高（米）× 身高（米）

标准体重 =22× 身高（米）× 身高（米）

肥胖度（%）=（实际体重－标准体重）÷ 标准体重 ×100%

新妈妈需要注意的是，在制订自己的体重管理任务书时，一定要把目标具体化，比如一天的哪段时间做什么运动、做多长时间，一星期体重要达到哪种程度等，最好都写在任务表上，这样每天做完一项，勾画掉一项，这种形式会督促新妈妈按时完成体重计划的。

肥胖度判定标准

	肥胖度	BMI
瘦	＜ 1%	＜ 18.5
正常	＜ 10%	18.5~24.9
偏胖	10%~20%	24.9~29.9
肥胖	＞ 20%	＞ 29.9

科学减重，拥有完美曲线

体重减轻和减肥是两回事。如果想要完美的身材，就不能仅盯着体重指数，人体的体重是由大约30%的骨头、内脏、肌肉、脂肪以及70%的水分构成的，通常所说的减肥是指减掉身体内多余的脂肪，同样重的脂肪和肌肉，看起来脂肪可比肌肉多多了。所以减重的过程中，要保证自己减下来的是脂肪，而不是水分或者肌肉。

因此，减重时不要一味关注体重下降，不科学的减肥方式让我们减掉的只是蛋白质、水分和肌肉，体重确实下降了，但饮食一旦恢复，吸收的营养又会使体重反弹。减肥应以减脂肪为目的，只有脂肪下降才表示减肥成功。

新妈妈进行锻炼时，可以关注身体曲线，并结合带有测脂肪的体重秤来测量体重，确保自己每周减掉的脂肪量小于体脂总量的1%，这是最健康的减肥方式。新妈妈可以尝试通过做产后恢复操，适当增加有氧运动的方式，来提升体内肌肉量，重现原本傲人的身姿。

运动要持续30分钟以上

运动最初消耗的是储存在血液或肌肉中的多糖。脂肪开始被消耗约在10分钟以后。要想持续燃烧脂肪最好连续运动30分钟以上。但是，并不意味运动要筋疲力尽，长时间运动后会使体内乳酸（疲劳物质）增加，乳酸的增加会使肌肉疲劳，阻碍脂肪燃烧。

虎式瑜伽，产后不要大骨盆

这是非常适合产后新妈妈的练习姿势，有助于脊椎得到伸展和运动，强壮脊椎神经和坐骨神经，减少髋部和大腿区域的脂肪，防止产后子宫移位。在运动过程中使臀部肌肉得到充分的上提和拉升，使臀部整体上翘；同时还能活动骨盆，让新妈妈告别大骨盆，拥有紧实、优美的臀部曲线。

1 双腿屈膝跪在垫子上，双手放在大腿上，放松。

2 起身，用四肢支撑身体，双臂垂直于地面，双臂、双腿分开与肩宽，保持背部伸展。

3 吸气，抬头、塌腰、提臀的同时右腿向后蹬出，尽量抬高右腿，身体重心上提。

4 呼气，弯曲右膝，把膝盖指向头部。低头，收腹，用膝盖碰触鼻尖，保持此姿势 5 秒钟，换腿做同样动作。

锻炼部位

- 大腿
- 小腿

运动注意事项

在练习的过程中，保持双肩放松，不要耸肩，不要向外翻转髋部，使髋部与地面平行。并将注意力集中在臀部，充分体会臀部肌肉收紧的感觉。

这样做效果更好：新妈妈在运动的同时还要配合呼吸，呼气时，尽量抬高背部，想象有一根绳子从肚脐穿过背部一直向上拉伸。此动作，每侧腿重复 5 次为 1 组，每次做 5 分钟，每周做 3 次即可，可以每天在早上的时候做，激活体力。

简单哑铃操，美化手臂线条

此时新妈妈的身体基本恢复，可以试着做一些轻负重的锻炼，比如哑铃锻炼。下面这套简单的哑铃操，可以消除新妈妈手臂赘肉，拉伸肩背，增强腿部力量，并能运动到新妈妈身体的大部分肌肉，在锻炼的过程中，可以很大程度地拉伸韧带，使身体轻盈，塑造完美曲线。

1 双脚分开，宽于肩膀，脚尖呈 45° 向外，双腿伸直，手臂伸直举过头顶，可手拿哑铃或是同等重量的水瓶，以此来负重。

2 吸气，身体找到向上的力量让自己站得更高。呼气时，屈膝屈肘向下蹲，注意膝盖不超过脚尖，手肘弯曲与肩同高，小臂垂直于大臂。做 10 组，注意呼吸的稳定性。

3 回到初始动作，右臂带动身体右摆，重心在右腿上，左腿始伸直。回到起始位置，反方向动身体，重复 8~10 组。

4 双手自然垂放于身体两侧，双腿自然站立，调整呼吸至均匀状态，并做好下一个动作的准备。

5 微屈膝，上身略往前倾。双臂垂直于地面。呼气时，小臂向上抬起，吸气时还原。重复做15次，共3组。

锻炼部位

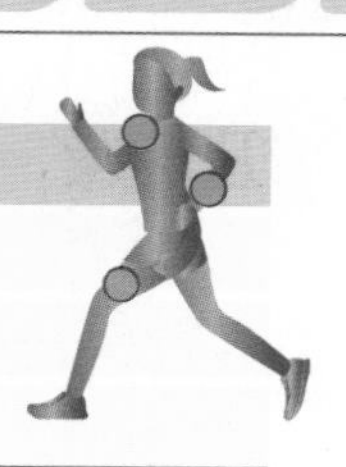

- 手臂
- 肩背部
- 大腿

运动注意事项

有蹲起动作时，新妈妈要缓慢蹲下、起身，不要猛起、猛蹲，以免产生眩晕。需要注意的是，因为是轻负重锻炼，所以难免运动后会出现肌肉酸痛，可以在做完每个动作后稍微拍打一下手臂、腿部等，帮助放松肌肉，缓解酸痛。

这样做效果更好：这套运动强度稍大，做两三组后会气喘，心率加快。因此，在锻炼时一定要注意调节呼吸，配合动作，规律地呼气和吸气。新妈妈也可以将动作拆开，在不同的时间段做。在运动的过程中，配合稍有节奏感的音乐效果更佳。

扭转操，强健髋关节

这套扭转操是前屈与扭转的组合，可以强健双脚、膝盖、腿部和髋关节的韧带和肌肉群，改善呼吸和背部疼痛，并能释放背部和肩膀的紧张感，让肩背部得到放松，同时对产后新妈妈容易出现的便秘、消化功能减弱也有很好的调节作用。

1 双脚分开 1.5~2 个肩宽的距离，双腿用力，双手放于髋部。

2 吸气，双手放于腰部慢慢向前弯腰，尽量伸展脊椎，使后背与地面平行。

3 头尽量向前顶，尾骨尽力向后，双手置于肩膀下方，向下推地面。吸气，使身体尽量延展。

锻炼部位

- 髋关节
- 肩部
- 双腿
- 背部

运动注意事项

新妈妈在运动时一定要量力而行，根据自己的自身情况，慢慢往下压，以达到标准。不要一味地追求标准。如果新妈妈在运动的过程中有任何不舒服要马上停止。

这样做效果更好：这套动作属于中高级强度的动作，在做这套运动前，新妈妈要做好准备运动，可以活动活动手腕脚腕，压压腿，使腿部的筋骨得到伸展。

4 呼气，身体向左腿方向靠近，右手握住左脚踝外侧找到向内拥抱的感觉，带动身体向小腿胫骨方向靠近，同时伸直左手臂向上，保持 5 组呼吸。吸气时回到步骤 2 的位置。呼气，换另外一侧。

蛇式瑜伽，翘臀又美背

这组运动可以促进血液循环，消除背部与颈项的僵硬和紧张，使脊柱神经和血管获得额外的血液供应。这组运动还能增强脊柱灵活性，美化背部、臀部线条，对产后背部的神经和肌肉的恢复很有益。同时，这组运动对女性帮助很大，有助于帮助产后恢复，使器官恢复正常状态。

1 俯卧在垫子上，下巴点地；手肘弯曲，双手放在胸部两侧，手臂夹紧。

2 随着吸气，双臂伸直，慢慢将上半身抬起，头部随之抬起，眼睛向前看。保持此姿势，自然呼吸。

3 呼气，把头部慢慢转向左侧，两眼注视左脚的脚跟，保持姿势。

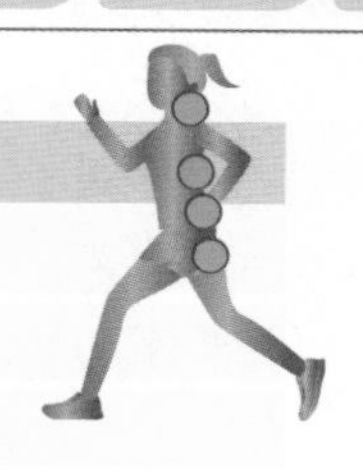

锻炼部位

- 背部
- 颈部
- 脊柱
- 臀部

运动注意事项

在初做蛇式瑜伽时，新妈妈可以将双腿稍稍分开；在抬起时，手肘也可以稍弯曲，以减少对腰部的压力。做这套运动时，尽量在较硬的地板上做，运动 15 分钟即可。

这样做效果更好：在保持姿势时，要将双肩展开，使身体放松；同时将腹部尽量贴地，增加下背部伸展。身体下落时，先将腰部下落，然后依次胸部、颈部慢慢下落，以防止腰部压力过大。

4 吸气，同时慢慢弯曲手臂，将身体慢慢下落，变为之前的俯卧体式。呼气，重复步骤 2，然后把头转向另一侧，重复步骤 3。

Slow Training 五动作，提高基础代谢

Slow Training 运动集由缓慢的动作持续让肌肉用力，每天只需要 10 分钟，就能持续燃烧热量，慢慢提高身体基础代谢。做此动作时，要有意识地感受被锻炼的肌肉扩张及发热的感觉，再配合有节奏的呼吸，可以有效锻炼肌肉，加速血液循环，让疲劳的新妈妈轻快起来。

1 原地踏步 50 次，手臂要大幅摆动，尽力抬高大腿，使大腿与地面平行，保持 1 秒钟 1 次的速度。

2 坐在椅子边缘，背往后靠在椅背上，双腿并拢向前伸直，然后抬离地板，维持 1 秒钟时间。

3 双腿并拢抬起，花 3 秒钟的时间将膝盖向胸部靠近，维持该姿势 3 秒钟，恢复双腿伸直动作。重复步骤 2、3 动作 5~10 次。

4 自然站立，双脚打开与肩同宽，双手交叉置于胸前，然后慢慢半蹲，注意腰部尽量往下沉，维持 1 秒钟时间。

5 花 3 秒钟的时间慢慢站起来，但是注意最后膝盖不要打直，停留在微微弯曲的状态，腰背要挺直。重复步骤 4、5 动作 5~10 次。

锻炼部位

- 腰部
- 腹部
- 双臂
- 大腿

运动注意事项

此套运动强度不大，每次可练习 20 分钟。在做此套动作前，最好先拉伸腹部、背部、手臂、大腿等部位的肌肉，进行 5 分钟左右的热身运动。

这样做效果更好：运动时，新妈妈要注意保持自然呼吸的节奏，运动后可以先稍事休息，然后可以进行快走、慢跑等有氧运动，或者运动后 1 小时，进行整理房间的家务活动，这样能够帮助快速燃烧脂肪，达到更好的效果。

简单拜日式，调整身体各系统

这套动作作为一个整体，对调整身体各系统也大有裨益，对身体的消化系统、循环系统、呼吸系统、内分泌系统、神经系统等多个系统都能产生良好的影响，有助于各个系统互相达到和谐的状态。当然，这套动作还能消除全身多余的脂肪，塑造平滑的腰侧肌肉；训练肢体，使四肢更加匀称，对产后新妈妈的恢复是再好不过了。

1 先做基本站立式，全身放松，双脚合拢，双手在胸前合十，正常呼吸。

2 缓慢而深长地吸气，双臂高举过头，上身自腰部起向后方慢慢弯下。在这个过程中，腿和手臂都保持伸直的状态，上身向后弯可以帮助增加脊柱的灵活性，让身体和脊柱变得更加柔软。

3 一边呼气，一边慢慢向前弯曲身体，用双掌接触地面，尽量不要弯曲两膝，以不费力为限，尽量使头部靠近两膝，保持这个姿势 5~10 秒。

4 恢复自然站立姿势，吸气，把左腿向后伸直，屈右膝。呼气时，上半身挺直，胸部向前力挺，背部则成凹拱形。保持这个动作5~10秒。

锻炼部位

- 髋部
- 腰部
- 大腿

5 慢慢呼气，把右脚向后移，使双脚靠拢，双脚脚跟着地，臀部向后方和上方收起。双臂和双腿伸直，身体像一座桥。

运动注意事项

身体左右各1次是1组，至少练习2组。在运动时，身体不要过分倾斜，以免摔倒；且一定不要屏气，保持自然呼吸即可。有眩晕症、高血压的新妈妈不适合做此运动。

这样做效果更好：这套运动强度稍大，在锻炼时要注意调节呼吸。新妈妈刚开始做时，可以根据身体的情况调节动作的规范力度。这套动作建议新妈妈2天做1次，1周可做3次，在早上或白天做1次即可，每次至少做2组。

6 吸气，左脚向前跨出，右脚不动。呼气时，上半身挺直，头向后仰。

7 保持双手放在地面上，慢慢呼气，收回右腿，放在左脚旁。低下头，伸直两膝。

8 吸气时，身体慢慢回正，呼气时，双手合十。

Part 4 产后重点部位必须瘦，塑造动人曲线

每个新妈妈都是独特的，体质、体形不同，分娩后肥胖的部位也不一样，这样就使新妈妈的身材不均衡，如拥有小蛮腰，大腿却相当粗壮，或者腿部很细，但是却有着水桶腰。下面就针对身体的重点部位，给有不同需求的新妈妈介绍几种高效必瘦的局部减肥法，让新妈妈想瘦哪里瘦哪里，重现曼妙曲线，让身姿更加美丽动人。

瘦肚子，摆脱产后“大肚腩”

分娩后，新妈妈的腹部可能是变化最大的部位，松弛的肌肉和长出来的脂肪让腹部看起来松松软软的，这成为很多新妈妈的苦恼，新妈妈都觉得腹部太难减了。减掉腹部的赘肉其实并不难，新妈妈平时多运动，保持合理的饮食和睡眠，坚持一段时间，肚子慢慢就会恢复平坦了。

愁人，产后肚子变松弛

大多数新妈妈产后肚子会变松弛，即便是减下体重，肚子上的肉都是松松的特别不美观。想要紧致肚子，新妈妈也别太着急，最好等出了月子，再进行强度比较舒缓的腹部运动。像仰卧起坐、卷腹运动等需要腹部强收缩的运动，最好等产后2个月后再进行，对身体恢复更好。俗话说“心急吃不了热豆腐”，只有等身体恢复了，才能更有精力减肥，也更加有利于健康。

晚餐的主食和肉分开吃，吃瘪“大肚腩”

晚上新妈妈的活动量小，如果晚餐吃得过于丰富会使体内脂肪囤积，久而久之不但肚子没有瘦，还会使“大肚腩”越来越大。因此，新妈妈的晚餐应将主食和肉分开吃。晚餐将含淀粉的主食和含蛋白质的肉类分开食用，中间间隔30分钟，更利于两种营养的吸收。另外，新妈妈在饮食上不能只吃高脂肪、高蛋白的食物，如肉类、滋补食物等，以免造成营养过剩。可以多吃些新鲜的水果、蔬菜。西红柿是不错的选择，其中的膳食纤维可以吸附肠道内的多余脂肪，将油脂排出体外。每天饭前1个西红柿，帮助新妈妈“阻止”脂肪被肠道吸收，告别“大肚腩”。

新妈妈按摩腹部，减腹又健康

肚脐周围汇集了手三阴、足三阴6条阴经，遍布其周围的穴位密密麻麻。洗完澡后在肚脐周围做画圈按摩，或者上下轻轻揉动肚皮，都有助于产后收腹。由于刚生完宝宝，按摩的力度要掌握好，不能太用力。坚持按摩，不但减腹效果明显，对健康也大有好处。

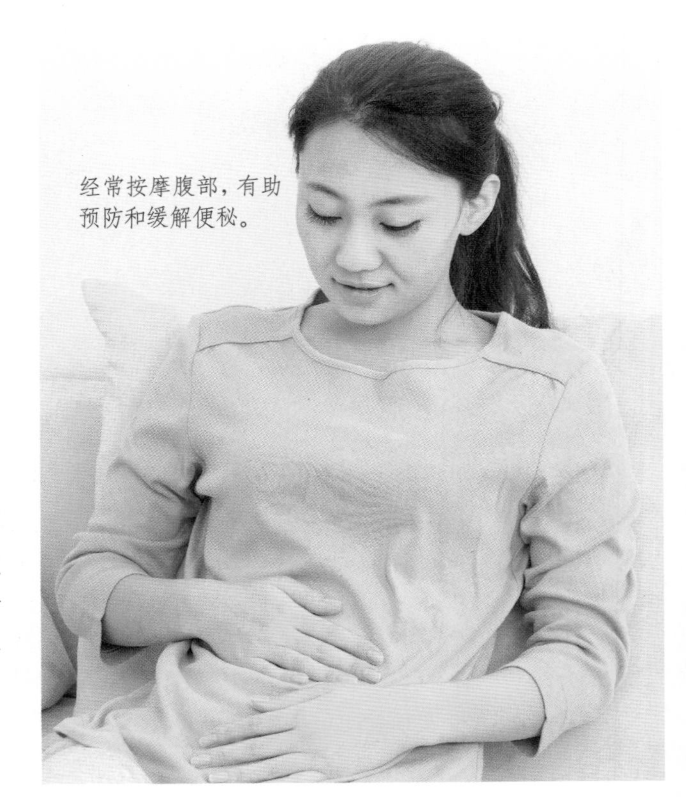
经常按摩腹部，有助预防和缓解便秘。

缩腹走路，减掉肚子上的赘肉

吃完晚饭后别只顾着坐，饭后散步不仅能快速复原，对瘦身也非常有帮助。散步时，新妈妈可以试着收腹走路。走路时，挺直背部，时刻收紧小腹，并搭配腹部呼吸法，即呼气时肚腹瘪下去，吸气时腹部稍稍鼓起，并有意识地将力量集中在小腹，长期坚持，有助于新妈妈腹部肌肉的锻炼，使小腹恢复平坦。每分钟走 60~80 米，每天步行半小时至 1 小时，强度因体质而异，只要坚持 3 周就可见到明显的瘦腹效果。

产后简易瘦腹操，躺着就能做

这套居家简易瘦腹操，通过轮流活动双脚，在改善骨盆前后移位状况的同时，可有效刺激腹直肌，收紧小腹，使小腹变得平坦、结实、性感。这套动作非常舒缓，月子期间就可以做。每天起床后做一做这套动作，不仅能帮新妈妈瘦小腹，还能令新妈妈精神一整天。

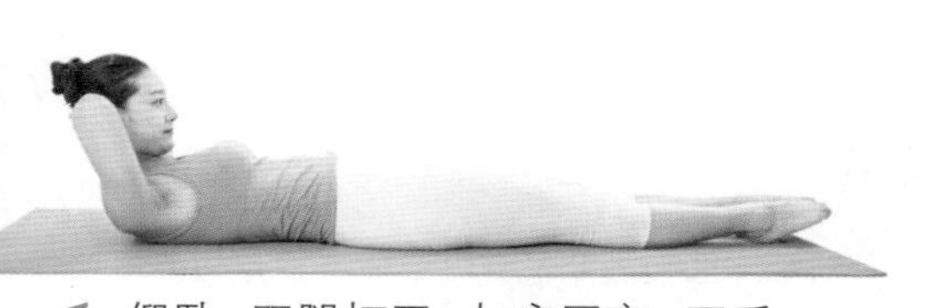

1 仰卧，双腿打开，与肩同宽，双手轻轻抱住后脑勺，将头自然抬起。

2 将一只脚慢慢抬高，脚踝弯曲，脚面与腿部成 90°，脚尖朝外侧打开约 45°。

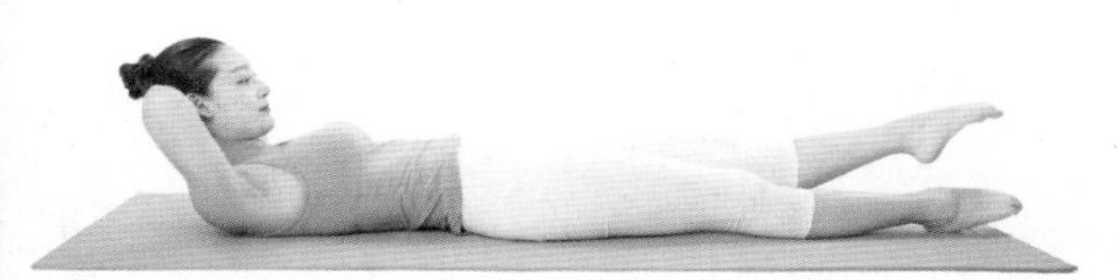

3 将抬高的那只脚慢慢放下，脚后跟与地面保持 10 厘米的距离，保持 10 秒。

4 另一只脚慢慢抬起，保持 10 秒钟。

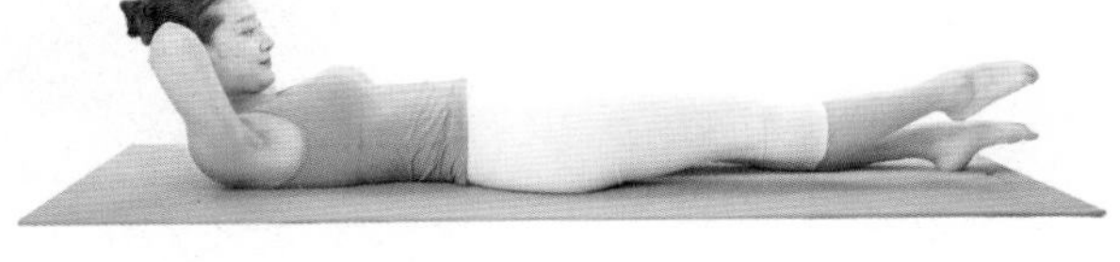

5 再缓慢放下，脚后跟也与地面保持 10 厘米的距离，保持 10 秒。

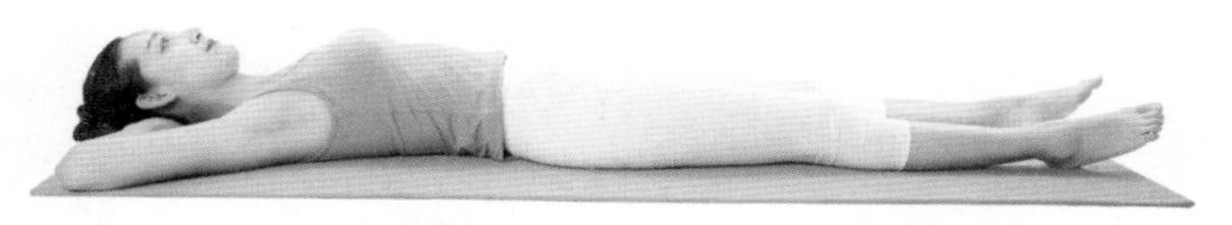

6 将抬起的头放落地面，脚跟慢慢回落地面，结束动作。

平板支撑，消脂肪，练腹肌

平板支撑是一种简单易学、无需器械、快速瘦小腹的运动，这套动作可以有效锻炼核心肌肉群，调动全身肌肉，在塑造腰部、腹部和臀部线条的同时，还有助于维持肩胛骨的平衡，让新妈妈的背部看起来更迷人。

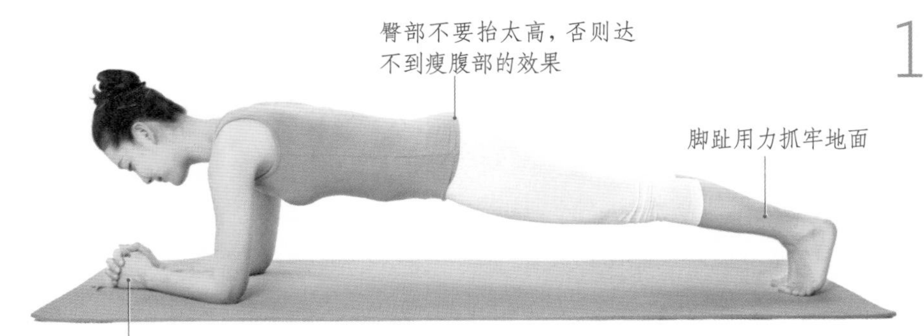

1 用脚尖和手肘部着地，其他部位腾空，并使头、背、臀、大腿、小腿等部位保持在同一平面上，就像一个平板一样，注意保持身体挺直，深呼吸，一旦塌腰就停止。

2 保持普通平板支撑的基本动作，然后将一侧手臂伸直平举，用另一手臂的肘部支撑身体保持平衡。

3 做完一边，换另一边重复。

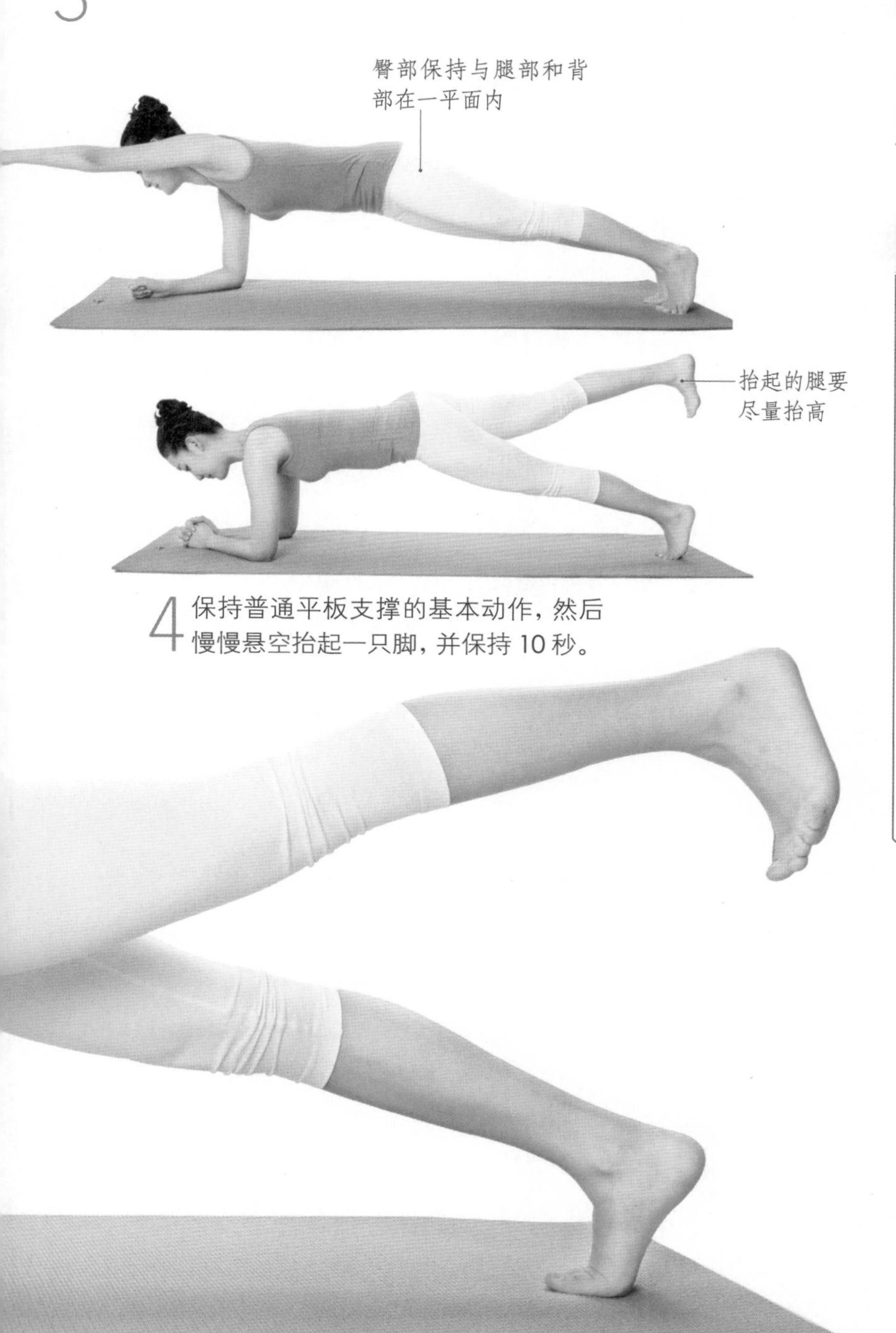

4 保持普通平板支撑的基本动作，然后慢慢悬空抬起一只脚，并保持 10 秒。

5 做完一边，换另一边重复。

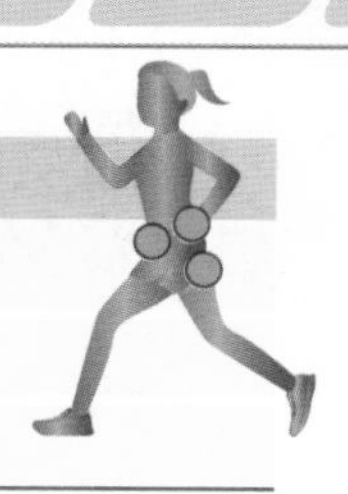

锻炼部位

- 腰部
- 腹部
- 臀部

运动注意事项

此运动不适合有腰肌劳损的新妈妈。运动后，还可做做舒缓拉伸动作，如平躺在垫子上，双腿屈膝抬起，慢慢向胸部靠，保持匀速呼吸。

这样做效果更好：做此运动时，注意将身体的力量平均到前臂和脚尖处，不要把所有的力量都放在手肘上。平板支撑看起来简单，做起来却没有那么容易，新妈妈根据自身的情况，尽量坚持每天都做，可以先从 20 秒做起，然后循序渐进，30 秒、1 分钟，甚至更长时间。只要坚持就能拥有让人羡慕的“人鱼线”。

瘦腰，速成“小腰精”

拥有“小蛮腰”是所有女性的愿望。产后腰腹是最长肉的，小腹瘦下来了，但腰两侧还有脂肪堆积，穿着好看的衣服，也显得很壮，所以新妈妈在瘦腹的同时，也要瘦腰。

按摩 + 轻叩，粗腰变“水蛇腰”

运动和饮食是有效的瘦身方法，如果再加上按摩，将会让新妈妈的瘦身计划更添助力。而且新妈妈每天按摩腹部，不仅有助于瘦腰，还能令胃肠蠕动得到改善，缓解便秘，利于身体恢复以及排毒。

除了在月子里的腹部按摩，新妈妈还可以每天轻叩腹部。具体做法是，手指并拢，微微握拳，手心是空的，轻轻拍打腰部有赘肉的部位，力道与为婴儿拍背一样即可。可在每天散步时做，能有效激活身体脂肪，加快脂肪的分解与吸收，达到瘦腰的目的。

闲暇时间扭扭腰，轻松减腰围

新妈妈在看电视时，可以在插播广告时，坐直上身，将右腿搭在左腿上，然后慢慢向右扭腰10次。再把左腿搭在右腿上，慢慢向左扭腰10次。这样不仅可以舒展颈背部，缓解疲劳，还能消耗腰部脂肪。同时让紧张的脊柱也能得到休息，舒缓久坐对腰椎带来的压力。

洗澡 + 按摩，塑造性感腰线

洗热水澡时，可以一边冲淋，一边双手叉腰，上上下下地反复按摩，每3分钟1组，至少做3组。在热水的刺激下，皮肤的血液循环会加快，这时如果再辅以按摩，燃脂减肥的效果会事半功倍。同样的道理，泡澡时也可以这样按摩。每天坚持，相信不久的将来你也会是杨柳细腰了。冲水淋浴时按摩要注意保持身体平衡，谨防摔倒。

洗澡后应注意保暖，及时擦干身体，避免感冒。

侧角扭转运动，腰线更优美

侧角扭转的动作可以帮助新妈妈促进消化、排出宿便，增加脊椎的供血，在扭转腰部、伸展腰背的同时，强化了臀部、腿部和腰背部力量，让新妈妈拥有“小蛮腰”和优美的身体曲线。运动时，不能忽视呼吸方法。慢慢从鼻孔吸气，然后再长长地呼气，感受气体在身体里流动。

1 站立，双腿分开，双脚间距约为两个肩宽，右脚向右侧外转 90°，吸气，双臂侧平举。

2 呼气时，弯曲右膝，双腿呈侧弓步。尽量保持右小腿与地面垂直，右大腿与地面平行，上身躯干向右侧扭转。

3 左手在右腿的左侧触地支撑，右臂向上方伸直，双臂呈一条直线，右腿弯曲，与左腿形成弓步，左腿伸直，左脚跟用力下压。

4 呼气，将右臂贴着右耳，伸向斜上方，右臂同右侧侧腰保持成一条斜直线。脊椎要延伸向上。保持 5 次以上的呼吸。还原，换方向再做。

跪地式抬膝，消除腰部赘肉

腰部的赘肉是最令人头疼的，新妈妈可以试试跪地板式抬膝，此运动不光可以紧实腰部肌肉，还可以锻炼到全身，手臂、大腿、小腿、腹部、背部都能锻炼到，是非常实用的运动。若再搭配侧角扭转运动（见155页），效果会更好。

1 跪姿，双手撑地，双手打开与肩同宽，双脚打开与臀同宽。

2 将双脚、膝盖向后伸直，脚尖点地，呈斜平板式。

3 腹部收紧，腰部不可往下坠，接着抬起左膝往前尽量不碰地，膝盖往胸口靠近，感觉下腹收缩。

4 换抬右膝，双脚轮流抬，重复 10~15 次。

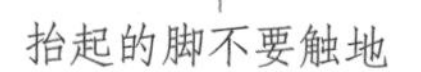

锻炼部位

- 腰部
- 腹部
- 手臂
- 大腿
- 小腿

运动注意事项

做此动作时，双手撑开与肩同宽，指尖朝前，手腕力量不够，要将手指尽量撑开，以免手腕受伤。

这样做效果更好：做这套运动时，新妈妈应用鼻子呼吸，最好不用嘴呼吸，在一呼一吸中更利于运动腰部，以达到更好的效果。此外，这套运动适宜饭后做，但是不要吃得太饱，宜在锻炼前一两个小时吃点东西，如牛奶、鸡蛋、水果等。

瘦手臂，抱宝宝也没有粗手臂

产后手臂是否粗壮了不少？在日常生活中，一般很难运动到手臂，有针对性的运动往往是力量型，对忙碌的新妈妈来说又很难坚持。那么来学习随时随地可以做的手臂运动吧，让新妈妈轻轻松松瘦手臂。

抱宝宝后伸平双臂，放松肌肉

人们常说，抱宝宝容易让手臂变得粗壮，如果新妈妈的手臂是壮壮的、硬硬的肌肉型，必须先帮手臂的肌肉松弛一段时间。新妈妈可以抱完宝宝后，将双臂伸平，帮助拉伸、放松手臂肌肉，也可以轻拍、揉捏，什么时候都可以做，只要有空就可以揉捏自己的手臂。这样可以帮助促进手臂血液循环，让肌肉变软，瘦臂的时候就变得容易多了。

洗澡时按摩，燃烧手臂脂肪

每天洗澡的时候，也可以瘦臂。将水温调高一点，冲洗手臂，冲洗 2 分钟后就帮手臂进行按摩，这样反复多次，直到使手臂得到充分的按摩就可以了。冷热水交替的效果会更好，但是不建议冬天的时候用，因为比较容易感冒。洗澡按摩可以有效地促进血液循环，燃烧手臂上多余的脂肪。新妈妈可以试一下这种小方法，如配合橄榄油按摩，会有意想不到的效果。

让手“跑步”来纤臂

新妈妈自然站立，双臂向前平举，先活动手指，手指疲劳后，前后甩腕，腕部疲劳后，屈伸双肘甩前臂，前臂疲劳后甩动整条手臂。整条手臂都疲劳后，就放下来休息，然后再重复，至少做 3 次。这是个促进血液循环的极好动作，能够让整条手臂的所有关节都活动开。每天做 3 次以上，不要间断，2 周就能收获一双纤臂，而且能让手臂变得灵活、有力量。

饮食消除手臂水肿

有些新妈妈手臂水肿，可以试着这样吃。尽量多喝水，少喝冷饮，多喝花草茶。少吃口味重的食物，多吃蔬菜和水果，加速身体排水排毒，不仅能瘦手臂，还能瘦脸。平时可以吃下列食物更利于瘦手臂：牛肉、西红柿、草莓、苹果、菠萝、香蕉、猕猴桃、柠檬、蜂蜜等。

常喝玫瑰花茶不仅能瘦手臂，还能美颜护肤。

照看宝宝随时可做的瘦手臂操

新妈妈在照看宝宝的时候，当宝宝睡着或者安静地躺在床上时，可以试着做下面这套手臂操，可锻炼腋下及手臂外上侧的肌肉力量，还能活动肩关节，增进血液循环，使肩部更加灵活，手臂线条更加优美。每天坚持锻炼 3 分钟，2 个月后腋下的赘肉就会大有改善，软软的手臂外侧也会变紧实。

鸟王式瑜伽，拥有纤细双臂

产后，新妈妈的手臂松弛，即使减肥瘦了下来，但是在上臂后面总会有松弛的赘肉，我们称之为“拜拜袖”。而“拜拜袖”也是最难瘦的部位，每次抬起胳膊看到松弛的“拜拜袖”，心中不免会有些不悦。有这样困扰的新妈妈可以试试鸟王式，每天 5~10 分钟，在消除手臂赘肉的同时，让身体更协调。

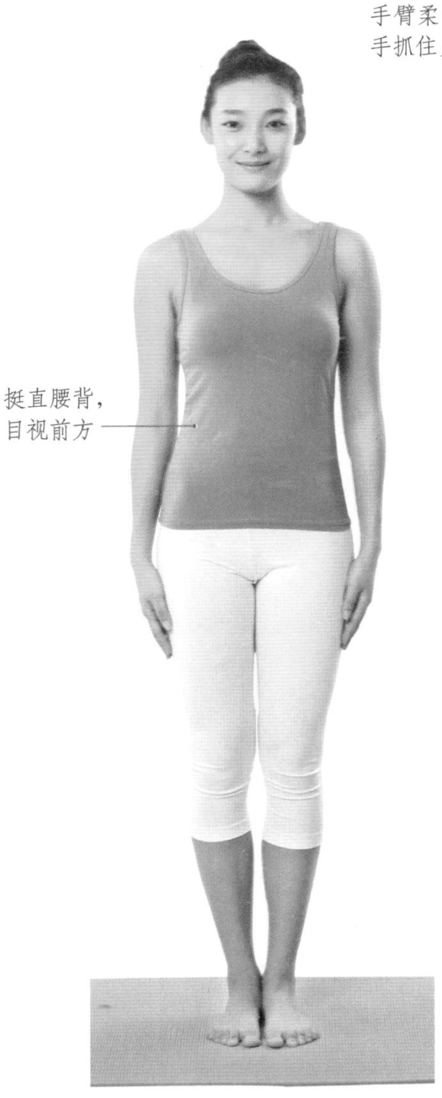

1 站立姿势，双脚并拢，双臂自然垂放体侧。

2 左臂放上，右臂放下，双臂环绕，掌心尽量相对。

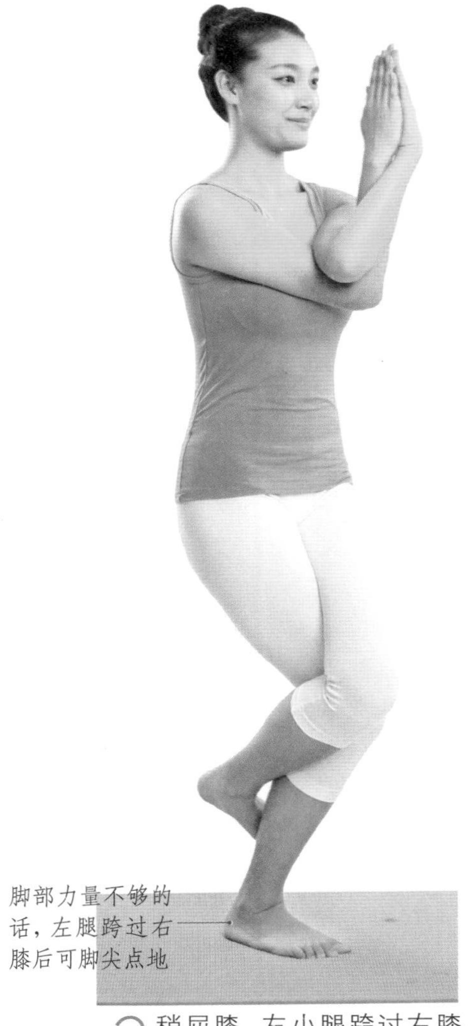

3 稍屈膝，左小腿跨过右膝，勾住右小腿。

锻炼部位

- 双臂
- 双腿

4 吸气，背部挺直；呼气，深屈右膝，上半身前倾，腹部贴在左大腿上，指尖朝前。

5 边呼气边放松手臂，收回双腿，回到初始位置，换另一侧进行。

运动注意事项

如果新妈妈在做这套运动时感觉难度大，可以根据自身的情况调整动作的难度。如觉得环绕小腿肚有些困难的话，可以将腿跨过另一条腿并将脚尖点地即可。

这样做效果更好：这套运动对新妈妈的平衡能力有一定的要求，如果新妈妈掌握不好平衡，也可以坐在椅子上练习，以维持身体的平衡。等身体能保持平衡了以后再按照以上步骤做，而且这套动作可以随时进行，在看电视或者照看宝宝睡觉时都可以进行。

瘦双腿，产后纤细双腿露出来

处于月子期的新妈妈由于长时间不运动，腿部的脂肪增加在所难免，大腿的脂肪会增长得分外明显，让新妈妈无所适从。产后粗壮的小腿，让新妈妈不敢穿迷你裙、短裤。别担心，只要掌握正确的运动方法，依然可以雕琢出性感、优美的腿部曲线。下面就介绍几个运动，分别针对大象腿和粗壮小腿，让新妈妈轻轻松松就能寻回纤细小腿。

多站少躺，加快大腿脂肪燃烧

月子期间，从新妈妈能下床活动开始，就要注意不要总是躺在床上，时不时地站起来活动活动，能站着就别躺着，这有助于瘦腿。新妈妈可以每天饭后站 15 分钟再坐下，或者看电视时起身走动走动，这样也能加快大腿的脂肪燃烧。

哺乳时站着踮踮脚尖，健美大腿

哺乳妈妈在哺乳时，可以站着给宝宝喂奶。在站着的同时可以将脚尖踮起，这样可以帮助新妈妈拉伸腿部肌肉，还可使下肢血液回流顺畅。而且，踮脚运动还可以活动四肢和头脑，消除长时间用脑集中及久坐后突然站立而眼前发黑、头脑发晕的毛病，同时还有利于大腿的健美。

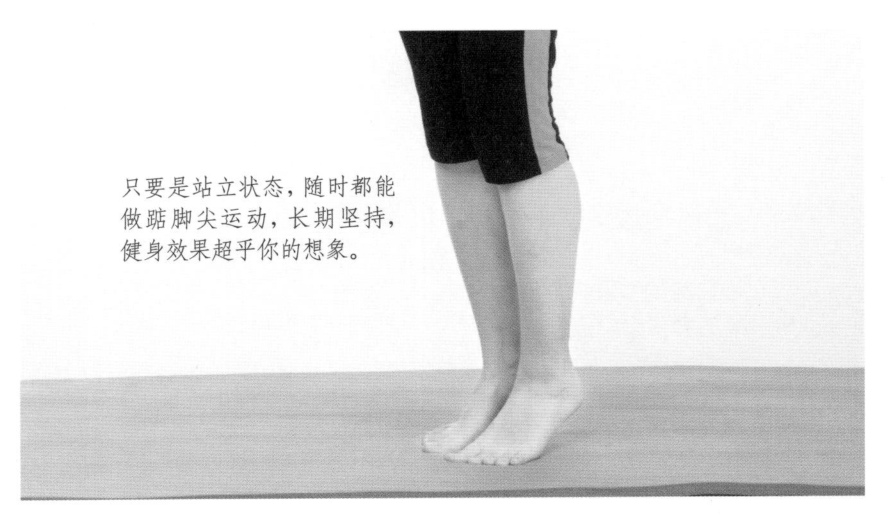

只要是站立状态，随时都能做踮脚尖运动，长期坚持，健身效果超乎你的想象。

瘦大腿先控制饮食

新妈妈要想瘦大腿，应注意少摄入盐分，并预防便秘。体内盐分过多，易导致水钠潴留、腿部水肿，而便秘则会导致体内毒素滞留，宿便压迫下肢血管和淋巴管，导致代谢受阻。因此，新妈妈每天摄入盐分不宜超过 6 克。

新妈妈腿部肥胖主要是代谢问题，多吃促进血液循环的食物，改善下肢血液循环，利于瘦身。应注意补充下面这些营养素。

维生素 E：此营养素不仅能促进血液循环，还能恢复细胞功能，帮助瘦大腿，又可保持肌肤的光滑与弹性。维生素 E 的主要食物来源是油脂、坚果。

维生素 B_1 和核黄素：这两种维生素都参与身体能量的代谢，其中维生素 B_1 可将身体内多余的糖转化为能量，核黄素可促进脂肪代谢。富含这两种营养素的食物有玉米、糙米、花生、牛奶等。

抱着宝宝走走也能瘦小腿

走路是瘦腿的好方法，新妈妈在抱宝宝的时候，可以随时走走，以便瘦腿。正确的走路姿势是抬头挺胸，收腹提臀，上半身不要有过大的摆动。要利用腰部及腿部的力量，迈出步伐，使身体向前挺。走路不宜过慢或者过快，以微喘又不至于流汗的速度前进即可。还要注意不要晃动宝宝，使宝宝在怀里安静平稳。

按摩出纤细小腿

如果新妈妈发现早上起来时小腿瘦一些，但下午会变粗，有时感觉胀胀的，这就是水肿。对新妈妈来说，消小腿水肿，可采取舒缓运动配合按摩的方式。

晚上临睡前，新妈妈还可以按摩小腿，双手扶住脚踝，稍稍用力，由下向上按摩，每天坚持 10 分钟，水肿症状很快就会得到改善。

对于肌肉型的小腿，就需要点小技巧了，先要让小腿肚上的肌肉软化，然后重新锻炼肌肉。新妈妈可以每天起床后，先拍打小腿肚。坐在床上，将一条腿抬高，并在小腿肚上涂抹一些纤体膏，然后用手掌从各个方向拍打小腿上的肌肉 3~5 分钟。这种方法可使小腿肚上的肌肉放松，并软化已经僵硬的腿部脂肪。长期坚持拍打小腿肚，可使小腿上僵硬的肌肉和脂肪慢慢变得松散，消除腿部突出的肌肉。

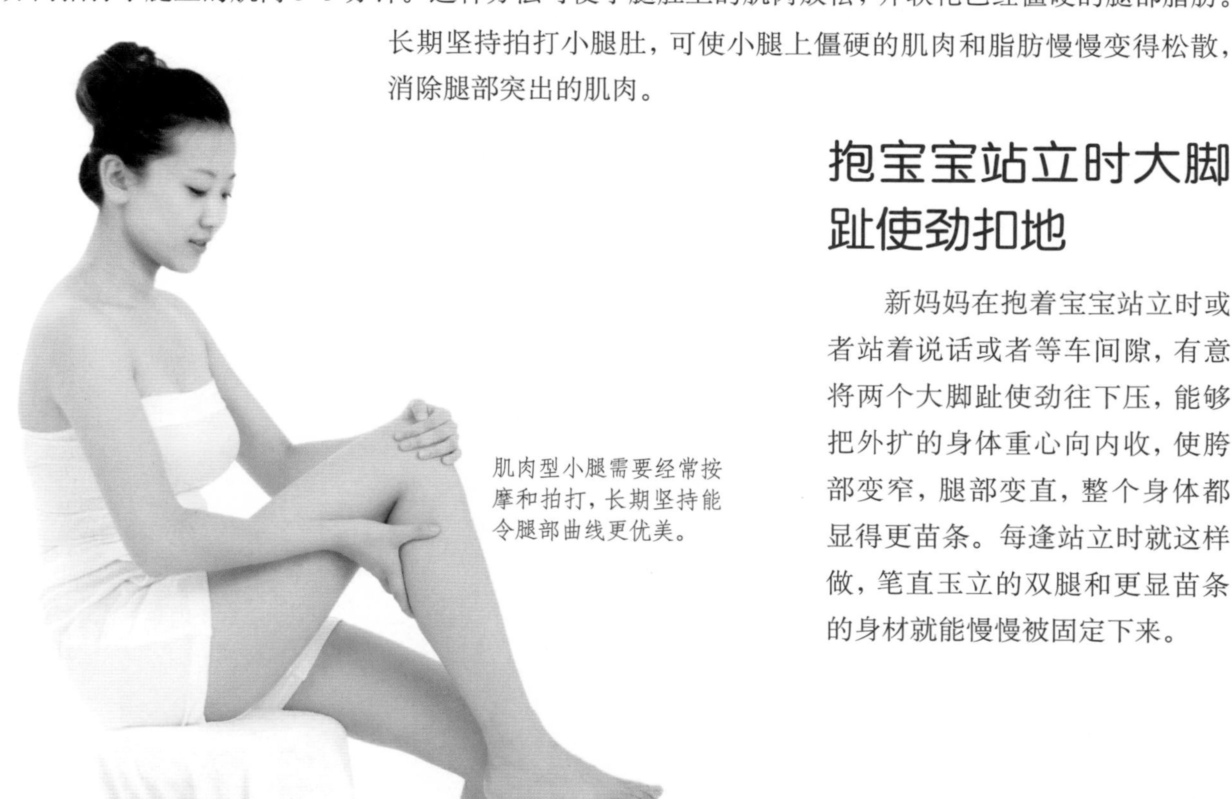

肌肉型小腿需要经常按摩和拍打，长期坚持能令腿部曲线更优美。

抱宝宝站立时大脚趾使劲扣地

新妈妈在抱着宝宝站立时或者站着说话或者等车间隙，有意将两个大脚趾使劲往下压，能够把外扩的身体重心向内收，使胯部变窄，腿部变直，整个身体都显得更苗条。每逢站立时就这样做，笔直玉立的双腿和更显苗条的身材就能慢慢被固定下来。

能在床上做的紧致大腿操

产后，粗壮的大腿让新妈妈“无法忍受”。但是高强度的运动，让新妈妈汗流浃背、浑身痛疼不说，效果也差强人意。想要大腿瘦得匀称、瘦得美，新妈妈不妨试试这套瘦腿操，可以提高骨盆的灵活性，让平时得不到锻炼的大腿内侧肌肉负荷增加，从而收紧大腿脂肪，使大腿变得更匀称。做动作时尽量保持自然呼吸，良好的呼吸可以帮助加速消耗多余的脂肪。

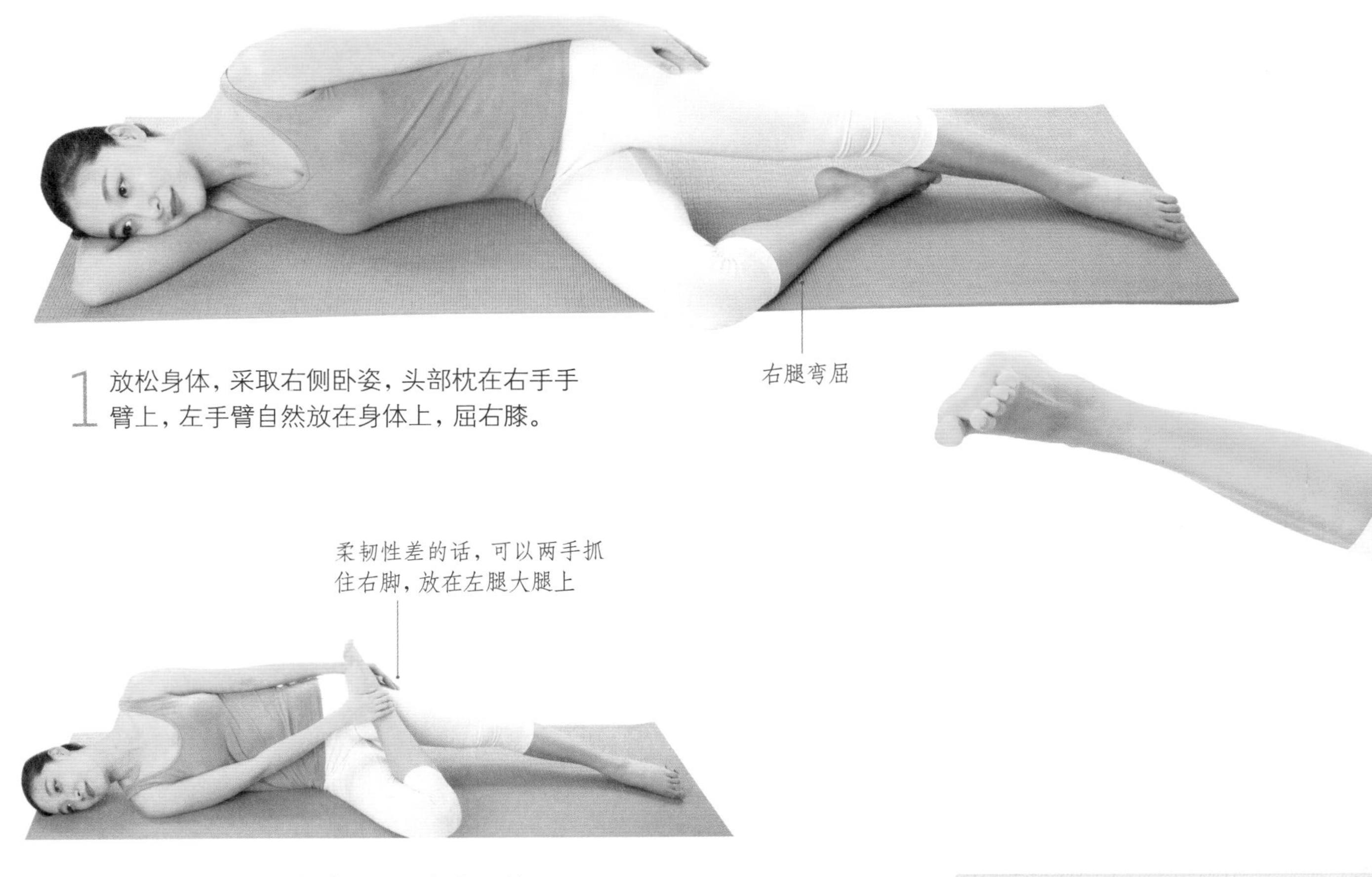

1 放松身体，采取右侧卧姿，头部枕在右手手臂上，左手臂自然放在身体上，屈右膝。

2 右手抓住右脚踝，将右脚置于左大腿前面。

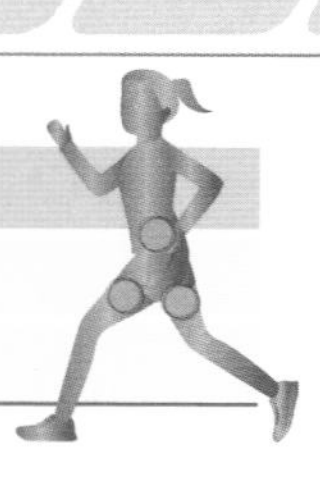

锻炼部位

- 大腿
- 骨盆

3 将左脚尖勾起，然后大腿内侧用力将左腿慢慢向高处抬起。抬至最高点，保持 5 秒，再落下，还原。

运动注意事项

在运动前，新妈妈可以压压筋，如压压腿，活动活动腰部，转转手腕、脚腕等，以防在拉伸的过程中抽筋。

这样做效果更好：新妈妈在做这个动作时，为避免腰部关节受伤，可在瑜伽垫上进行；如果在床上练习，最好是选择较硬些的床，太软的床对瘦大腿起不到明显的作用。由于是拉伸运动，运动时间不宜太长，隔天做 1 次，每次 10 分钟即可。

4 换另一侧腿重复动作。

随时可以做的椅子瘦腿操

产后新妈妈要照顾宝宝，有时候实在没有大段时间运动。此时，新妈妈可以试试简单的椅子瘦腿操，让新妈妈坐着也能瘦。此套运动比较舒缓，有助于拉伸大腿、小腿和臀部、腰背肌肉，缓解新妈妈因水肿导致的胀胀的感觉，重新塑造小腿、大腿后侧、臀部和背部线条，让新妈妈看起来瘦瘦的、美美的，但时间不宜太长。

1 取坐姿，双腿伸直并拢，手自然放在身体两侧。

2 吸气，身体向上伸展。

3 呼气，向前折叠身体，手用力握住后脚跟。

握不到后脚跟的，可以抓住小腿或膝盖，一点点加大动作难度

锻炼部位

- 大腿
- 小腿
- 臀部
- 腰背部

运动注意事项

这套运动属于拉伸运动，新妈妈可以根据自己的情况调整难度。由于是拉伸运动，运动时间不宜太长，隔天做 1 次，每次 10 分钟即可。也可以把 10 分钟分成几个两三分钟来做。

这样做效果更好：如果新妈妈在做运动时，觉得动作难度大，可以将一个抱枕放在腿上，抱肘，呼气，将身体向前折叠靠在抱枕上。新妈妈可以利用宝宝休息的时间来做，或者在办公室午休、下午茶时间来做，每次两三分钟即可。

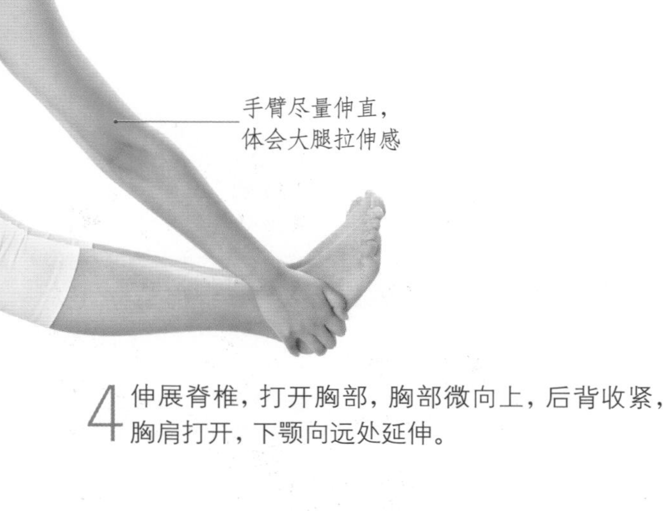

手臂尽量伸直，体会大腿拉伸感

4 伸展脊椎，打开胸部，胸部微向上，后背收紧，胸肩打开，下颚向远处延伸。

美臀，告别产后“下垂臀”

孕期变胖的臀部、分娩时被撑大的骨盆，都会令新妈妈的臀部失去优美的线条。不过，新妈妈别着急，每天多注意塑造臀部线条的小细节，坚持瘦臀运动，很快就能找回昔日结实微翘的美臀。

调整骨盆后再瘦臀

分娩导致的骨盆变化，除了骨盆操外，新妈妈日常生活起居中也要注意，如不正确的盘腿坐，或者长时间用右手滑动触摸屏、鼠标，以及总是喜欢背单肩包等，都会导致骨盆的歪斜不正，在产后的生活里，新妈妈应尽量避免这些。

另外，新妈妈睡姿也要正确。平躺是对骨盆调整最好的姿势，产后新妈妈可以尽量平躺，但是睡着之后不必如此，以舒服为主，要休息好。

哺乳时保持良好坐姿，坐着就瘦臀

新妈妈在平时哺乳或者坐着时，要注意保持良好的坐姿，这样不仅能坐着就瘦臀，还利于新妈妈脊椎和腰椎的健康。只坐椅子的前 2/3 是良好的坐姿，背脊挺直，坐满椅子 2/3 能将力量分摊在臀部及大腿处。如果累了，想靠椅背一下，要选择能完全支撑背部力量的椅背。坐时尽量合拢双腿，长期分开腿的坐姿会影响骨盆形状；坐时踮起脚尖来，对臀部线条的塑造大有裨益。

爱吃甜食的新妈妈，一定要注意食物摄入量，管住自己的嘴。

边洗漱边打造“蜜桃臀”

洗漱时，新妈妈可以把双腿一前一后叉开，并着力收紧后腿一侧的臀部，使身体保持一个紧绷的姿势。每 10 秒钟就把双腿前后交替一下，按照相同的方式站立。这是一个能够恢复臀部弹性，使臀部翘起的动作，每次洗漱时都这样反复练习，每天就可以收紧臀部无数次，久而久之，这种美好的臀形就会被保持住。

改掉恶习，轻松瘦臀

不良生活习惯，如抽烟、喝酒、熬夜，对臀形绝对有影响，血液循环不好，怎么会拥有丰盈圆润的臀部呢？除此之外，吃高热量、高甜度、口味重的食物是造成肥胖的主要原因。

而久站会“阻碍”瘦臀，久站使血液不易回流，会造成臀部供氧量不足，新陈代谢不好，还会让双腿产生静脉曲张。长时间站立后，务必做做抬腿后举的动作。

骨盆瘦臀运动

矫正骨盆不仅可以瘦臀，还能激活整个身体的中心，让线条更加优美。下面这套组合的骨盆瘦臀操简单易学，能伸展腰部、腹部、臀部、腿部肌肉，矫正骨盆，每天抽出 3~5 分钟来做这套运动，不出 1 个月，就可以重塑完美翘臀。

1 坐在瑜伽垫上，脚心相对，双手抱脚，挺直腰背。

2 颈部和背部保持直立，眼睛看向正前方，腹部用力，臀部向左右及后方移动。做 8 次。

3 然后将手和脚向身体方向拉。将这套动作重复 4 次。

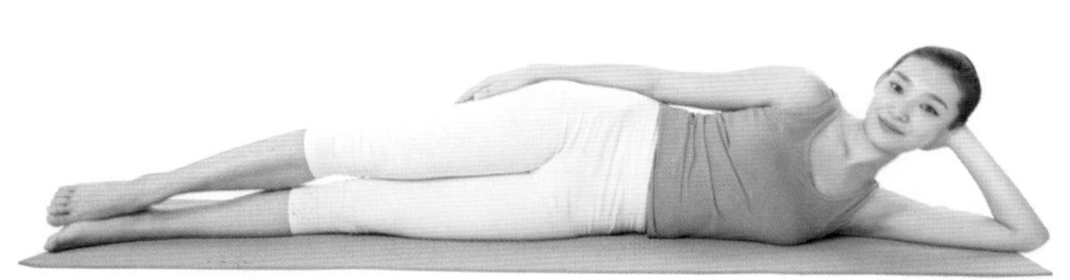

4 休息片刻，身体取左侧卧姿，双腿并拢，屈左手支撑头部，右手放松，搭在身体右侧。

5 右手抓住右脚尖，贴近臀部往后拉伸。

6 将右脚最大限度向身体后面拉伸。还原初始卧姿，换另一侧腿做相同动作。

拉伸肌肉的瘦臀运动

新妈妈在矫正骨盆的同时，也可以每天做一些超简单的锻炼臀部肌肉的运动。不需要太长时间，每天抽空做就好。舒缓的拉伸运动加上能够让肌肉持续紧张的有氧运动，能完美地锻炼到臀部肌肉，打造性感翘臀。

1 双腿分开站立，双手放在胸前。

2 挺直背肌，一边吐气一边慢慢弯曲膝盖。

锻炼部位

- 臀部
- 双腿

臀部后移不要太多

3 膝盖保持弯曲，然后慢慢将臀部向下及向后移，尽量将大腿弯曲至与地面平行。

运动注意事项

新妈妈在做骨盆运动的同时，可以做做简单的瘦臀运动。这套臀部运动不需要新妈妈特意抽出时间，可以利用每天的空闲时间做做，譬如看电视时、刷牙时都可以，有效地利用琐碎的时间，轻轻松松打造性感的翘臀。

这样做效果好：新妈妈在运动过程中，一定要挺直腰背，收紧小腹。可以尽量延长半蹲的时间，让臀大肌和大腿肌肉紧张。也可将半蹲动作替换为深蹲，臀部贴至小腿，再站起来，对臀部锻炼更多。最后，别忘记配合深呼吸，蹲下去的过程中，慢慢吸气，站起来时，长长呼气。

4 一边吐气一边慢慢站起，需特别注意不要一下子就将膝盖伸直。

脚尖可稍向外扭转

丰胸，产后“双峰”仍迷人

新妈妈在哺乳过程中会发现，乳房渐渐变得松弛，开始下垂，很多新妈妈以为这是哺乳造成的，其实不是，而是乳房中乳腺管收缩和脂肪量不够导致的。说到底，比起身体其他部位，乳房可是新妈妈要增加脂肪的部位呢。

不要长时间侧卧睡觉

新妈妈睡姿要正确，尽量不要长期向一个方向侧卧，这样不仅易挤压乳房，也容易引起双侧乳房发育不平衡。强力挤压乳房，还会使乳房内部软组织受到挫伤，使内部增生，上耸的双乳下垂。

对宝宝微笑，打造美胸

新妈妈可以和宝宝微笑，微笑时咧开嘴巴，幅度尽量夸张，还原，重复。同时，手掌张开由下往上、由外往内将乳房往上提升。3分钟后，将按摩延伸到乳房至颈部，手法同样为向上提升，按摩2分钟。“微笑”能强化和收紧颈部肌肤，配合按摩促进胸部血液循环，使双乳更坚挺。

睡前按出迷人乳房

每天睡前5分钟，可以给乳房做做按摩——沿着乳房边缘按，先顺时针方向，后逆时针方向，直到乳房皮肤微红、微热为止。然后轻轻捏住乳头，提拉不少于10次。这种按摩法能够刺激整个乳房，包括内部的乳腺管、脂肪组织、结缔组织等，经常按摩可使乳房更富健康光泽、更有弹性。乳房内有硬块的女性，按摩时要轻柔，免得引起疼痛，长期按摩能加快胸部血液循环，硬块会逐渐消失。

随时深呼吸使胸部更丰满

新妈妈可以在闲暇时盘腿端坐，两脚底相对并在一起，两膝向下压，腰部挺直。手臂举过头，两掌相对，缓缓用鼻吸气，保持双肩不高抬，充分扩展胸廓，同时上半身往前倾，收紧腹部。当上身倾至最大限度时，屏住呼吸，保持一会儿。直到憋不住气时，边吐气，边用腰部的力量抬起上身。稍休息，再重复5次。这种呼吸法可以供给胸部更充足的氧气，有意想不到的美胸效果。坚持2个月以上，胸部会更丰满，腰腹部也会更瘦。

哺乳妈妈经常按摩乳房，不仅能通畅乳腺管，还能保持乳房挺拔。

呼开吸合操，练就傲人美胸

新妈妈产后想要拥有傲人美胸，呼开吸合手臂操就是简单易学的美胸运动。这套动作在锻炼胸大肌的同时还会让胸部更集中，使双乳侧看起来更高挺，造型也更富美感。每天坚持练习 3 分钟，就能拥有让人羡慕的美胸。

有氧胸部锻炼，胸部“挺挺”玉立

新妈妈在哺乳期养成的一些不好的习惯，如没有穿托举型内衣，不注意乳房按摩和护理等，都会导致哺乳后乳房松垮。有氧锻炼是锻炼肌肉的好方式，下面这套动作可以很好地锻炼肩、背和胸部肌肉，帮新妈妈塑造线条优美的背部、肩部和胸部。新妈妈快来试试吧。

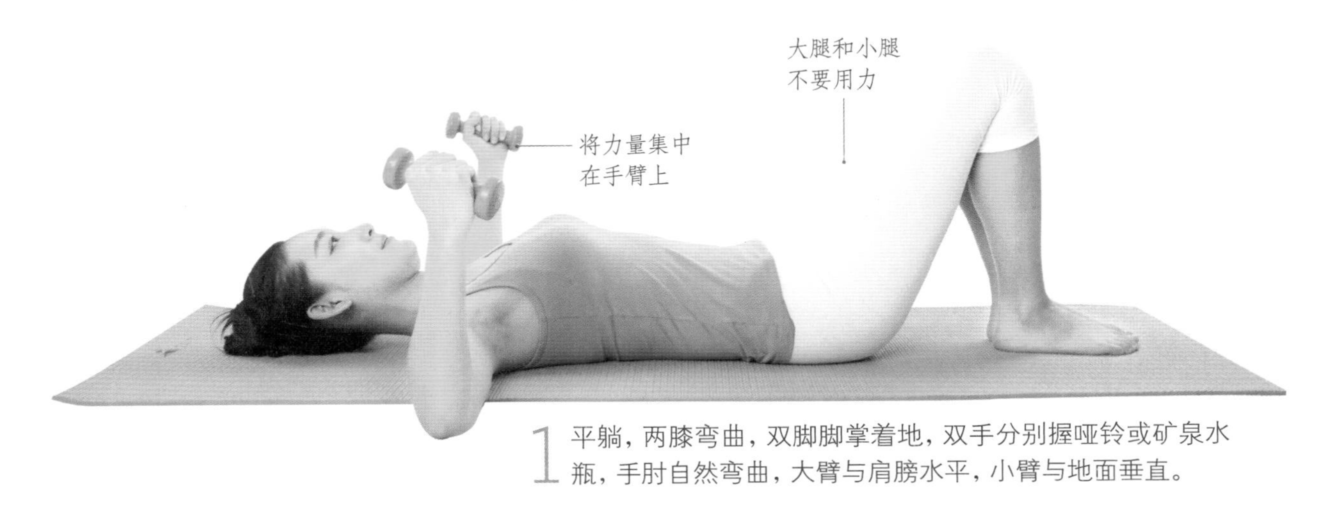

1 平躺，两膝弯曲，双脚脚掌着地，双手分别握哑铃或矿泉水瓶，手肘自然弯曲，大臂与肩膀水平，小臂与地面垂直。

2 举起双手，放下，重复此动作 10 次。慢慢放下哑铃。

3 做双手支撑动作，脚尖着地，使小腿、大腿与背部尽量保持在一条直线上。

锻炼部位

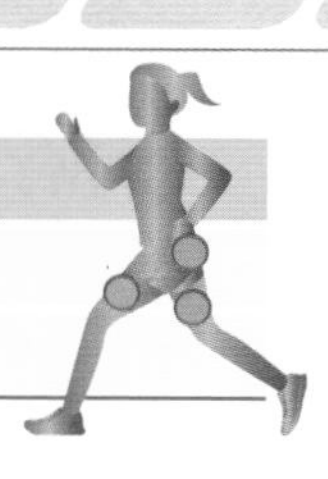

- 臀部
- 双腿

运动注意事项

在做双手支撑动作时，新妈妈的手臂要伸直，手肘不能弯曲，这样才能很好地锻炼胸部、肩部、背部的肌肉。新妈妈可根据自身的情况来决定运动的时间，可以先做5次，休息片刻，再继续做剩下的。

这样做效果好：新妈妈不仅要每天进行护理和按摩，还要配合做这套有氧胸部运动，每次15分钟，防止乳房下垂，让乳房恢复挺拔与健美。

4 吸气时将右手移置左手外侧，双手处于交叉状。身体自然下压，但手肘不能弯曲，使背部肩胛突出。呼气时将右手移动回起始位置，重复此动作10次，吸气换方向做。

附录：没时间？看孩子也能瘦——有爱的亲子瑜伽

产后，新妈妈既要照看宝宝，又要锻炼身体，没有时间？不如和宝宝一起做运动。好玩、有趣又甜蜜的亲子运动，既可以帮助新妈妈减肥，促进产后恢复，还能帮助宝宝伸展全身的肌肉和筋骨，让宝宝的骨架健康发育，强化宝宝的消化系统功能，预防便秘、肠胃不适等。

风吹树式，摇摆的小树苗

此运动能拉伸新妈妈上臂、腿部的肌肉，在摇摆的过程中，能使全身得到舒展，同时还可以强化腿部力量，美化腿部线条。在运动的过程中，可以稳定宝宝的情绪，躺在妈妈温暖的“摇篮”里，让宝宝感到安逸。

1 妈妈自然站立，双脚分开与肩同宽，怀抱着宝宝，让宝宝自然躺在怀中。

2 让宝宝的头枕在左臂肘弯里，右手小臂抱住宝宝臀部和大腿。

3 温柔地看着宝宝的脸，呼气，上半身像风中的小树苗一样，慢慢左右摇摆，保持自然呼吸，注意胸口和髋部往前推，背部有拉伸感。

腹部不要挺起来

4 呼气，慢慢恢复自然站立姿势，把宝宝换个方向再做。

锻炼部位

- 上臂
- 腿部

运动注意事项

为了更加安全，新妈妈可以参加亲子瑜伽班，在老师指导下进行。运动过程中，一定要先确定宝宝坐好、抱好后，再开始自己的动作。摇晃时不是摇晃宝宝，而是新妈妈的身体左右晃动，一定要注意这点。

这样做效果更好：做此瑜伽前，新妈妈最好先不抱宝宝，自己先抱着枕头练习几遍，能很好地保持平衡后再做。这组运动每天都可以做，早上、晚上各 1 次，每次可做 10 分钟，如果妈妈不累每天还可以多做几次。

快乐婴儿式，妈妈宝宝都快乐

这套动作是新妈妈和宝宝同时参与的动作，运动同时，宝宝的背部、臀部、肾脏区域都会得到按摩，还可促进宝宝胃肠蠕动，帮助排便。而新妈妈的背部、臀部、腹部也能锻炼到。

1 妈妈分腿而坐，背部挺直，宝宝躺在瑜伽垫上，使宝宝正好躺在妈妈双腿中间。妈妈双脚脚尖向上勾起，手抓着宝宝的小脚。

2 妈妈可以先按摩宝宝腿部，摸着宝宝大腿的肌肉轻轻由内往外旋几下。抓着宝宝的两只小脚，使宝宝两脚脚心相对，膝盖往外展。

锻炼部位

- 上臂
- 腿部

3 抬起宝宝的小脚，向宝宝的腹部轻轻按压。同时，随着按压宝宝小腿的动作，妈妈上半身前倾，下压，不要驼背，不要塌腰。这个过程，还可以和宝宝说说话，如："宝宝，妈妈在这里。"

运动注意事项

在运动过程中，宝宝的快乐和安全是最重要的，不要求宝宝的姿势标准，让宝宝保持自然呼吸，自然运动就好。宝宝的注意力时间有限，所以运动时间不宜过长，以10分钟为宜。如果宝宝配合，可以延长至20分钟。

这样做效果更好：愉快的亲子互动会增加宝宝和妈妈之间的感情，还会让宝宝在健康的氛围中茁壮成长。在运动过程中，新妈妈可以和宝宝说话，或用充满爱意的眼神与宝宝交流。运动后，新妈妈可以将手心搓热为宝宝按摩全身，促进宝宝的骨骼发育。锻炼自己和宝宝身体的同时，让宝宝更快乐，妈妈更苗条。

4 妈妈上身尽量下压，如果身体条件允许，还可以将下颌放到宝宝的腹部，揉按、摇动，就像平时在逗宝宝玩耍一样。然后妈妈直起上身，腰背挺直，同时使宝宝腿伸直。重复下压、直起动作。

图书在版编目（CIP）数据

这样坐月子瘦得快 / 汉竹编著 . -- 南京：江苏凤凰科学技术出版社，2018.1
(汉竹 • 亲亲乐读系列)
ISBN 978-7-5537-6351-4

Ⅰ . ①这… Ⅱ . ①汉… Ⅲ . ①产妇－妇幼保健－食谱②产妇－减肥－基本知识 Ⅳ . ① TS972.164 ② TS974.14

中国版本图书馆 CIP 数据核字 (2017) 第 227586 号

这样坐月子瘦得快

编　　著	汉　竹
责任编辑	刘玉锋　张晓凤
特邀编辑	苑　然　张　欢
责任校对	郝慧华
责任监制	曹叶平　方　晨
出版发行	江苏凤凰科学技术出版社
出版社地址	南京市湖南路 1 号 A 楼，邮编：210009
出版社网址	http://www.pspress.cn
印　　刷	北京艺堂印刷有限公司
开　　本	715 mm × 868 mm　1/12
印　　张	14
字　　数	100 000
版　　次	2018 年 1 月第 1 版
印　　次	2018 年 1 月第 1 次印刷
标准书号	ISBN 978-7-5537-6351-4
定　　价	45.00 元